家居装修百科

装修不浪费钱的预算经验

上海齐家网信息科技股份有限公司 组织编写

孙琪　　邱振毅　　黄肖◎主编

·北京·

内容简介

本书一共五章，第一章主要介绍了装修预算的组成和如何制定预算；第二章对不同风格的装修需要花费的预算进行了介绍；第三章则是对不同装修空间的预算差别进行了介绍；第四章和第五章着重介绍了装修中常用材料和常见施工项目的预算。

本书既可作为业主的预算参考书，也可作为室内设计师的参考书。

图书在版编目（CIP）数据

家居装修百科：装修不浪费钱的预算经验 / 孙琪，邱振毅，黄肖主编；上海齐家网信息科技股份有限公司组织编写 . — 北京：化学工业出版社，2022.5
ISBN 978-7-122-40579-1

Ⅰ.①家… Ⅱ.①孙… ②邱… ③黄… ④上… Ⅲ.①住宅－室内装修－建筑预算定额 Ⅳ.①TU723.3

中国版本图书馆CIP数据核字（2022）第010317号

责任编辑：毕小山　　　　　　　　　　　　　责任校对：王　静
装帧设计：王晓宇

出版发行：化学工业出版社（北京市东城区青年湖南街13号　邮政编码100011）
印　　装：北京宝隆世纪印刷有限公司
710mm×1000mm　1/16　印张13¼　字数280千字　2022年5月北京第1版第1次印刷

购书咨询：010-64518888　　　　　　　　　售后服务：010-64518899
网　　址：http://www.cip.com.cn
凡购买本书，如有缺损质量问题，本社销售中心负责调换。

定　　价：79.80元

京化广临字　2022—07

装修预算是家庭装修的核心内容，它基本涉及了整个装修的各个方面。也就是说，无论是设计费、施工费还是材料费，都要在预算中呈现。很多人在第一次接触装修预算的时候，常常会有繁杂不清的感觉，一方面因为费用涉及的范围广、项目杂，另一方面因为预算不清被装修公司忽悠，导致多花钱。

由于装修为一次性消费，在生活中经历的次数并不是很多，所以很多业主在装修时还是一个装修新手。业主需要事先对装修市场有个大概了解，学会根据预算定位家居装修档次，并了解装修中什么地方该省、什么地方不能省。只有在装修前期做足准备工作，后期装修才能顺畅又省钱。本书立足于此，针对整个装修的流程，将预算的范围分析清楚，帮助业主在装修前就能对费用做到心里有数，不至于多花钱。

本书共五章，第一章主要介绍了装修费用的组成和制定，让读者能大概了解装修的钱会花在哪里；第二章则是对不同的装修风格进行了分析，尽量帮助读者提前知晓选择不同的风格所需的费用也是不同的；第三章主要针对的是不同的空间，根据空间的功能和设计不同，给出了大致的费用范围，让读者知道满足自己装修需求可能需要多少资金；第四章从材料入手，给出常用的装修材料价格，让读者可以提前估算费用，帮助读者在看报价单的时候不至于被装修公司坑骗；第五章则与施工的费用相关，根据装修的施工项目，估算出价格范围，让读者不至于被施工队漫天要价。

本书通过图文并茂的形式，希望能将原本复杂、枯燥的装修知识变得有趣，在帮助读者能更好、更省地装修的同时，又能规避风险。需要特别说明的是，本书所列物料价格的时间为 2021 年底，仅供参考使用时请以当地实时价格为准。

本书由上海齐家网信息科技股份有限公司组织编写，主编为孙琪、邱振毅、黄肖，副主编为赵恒芳、刘雅琪、杨柳，其他参编人员有张延玲、熊怡静、李幽、王广洋、郑丽秀、任雪东。

前言

目　录
CONTENTS

047 /

第三章

不同装修空间
预算差别

071 /

第四章

装修材料预算与市场估价

167 /

第五章

装修施工项目
预算计价

第一章
装修预算的准备与规划

在找装修公司之前，我们应该先对房屋的装修预算有一定的了解，并做好计划，这样不仅可以保证装修顺利进行，而且也能提前规避预算超支的问题。

扫 / 码 / 观 / 看
装修预算应该怎么做

装修前的资金规划

（一）装修预算的组成内容

1 装修预算的组成

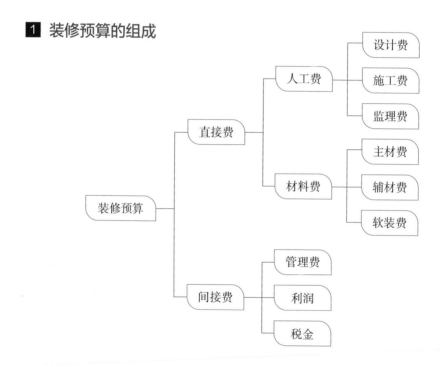

装修预算
- 直接费
  - 人工费
    - 设计费
    - 施工费
    - 监理费
  - 材料费
    - 主材费
    - 辅材费
    - 软装费
- 间接费
  - 管理费
  - 利润
  - 税金

♀注意事项

主材费是指在装饰装修施工中按施工面积或单项工程涉及的成品和半成品的材料费，如卫生洁具、厨房内厨具、水槽、热水器、燃气灶、地板、木门、油漆涂料、灯具、墙地砖等。

辅材费即辅助材料费，是指装饰装修施工中所消耗的难以明确计算的材料，如钉子、螺钉、胶水、滑石粉（老粉）、水泥、黄沙、木料，以及油漆刷子、砂纸、电线、小五金、门铃等。

2 装修预算的总价

装修预算总价是指直接费和间接费相加的总和，具体公式如下所示：

预算总价 = 人工费 + 材料费 + 管理费 + 利润 + 税金

通过上述公式，再加上下面的简要计算方法，就可以轻松制作出一份完整的装修预算：

① 直接费 = 人工费 + 材料费；

② 管理费 = ① ×（5%~10%）；

③ 利润 = ① ×（5%‐8%）；

④ 合计 = ① + ② + ③；

⑤ 税金 = ④ ×（3.4%~3.8%）；

⑥ 总价 = ④ + ⑤。

💡注意事项

其他费用如设计费、垃圾清运费、增补工程费等按实际发生计算。上述公式可用于任何家庭居室装修工程预算报价。

（二）装修预算常用术语

1 住宅使用面积

住宅使用面积是指住宅中以户（套）为单位的分户（套）门内全部可供使用的空间面积。住宅使用面积按住宅的内墙面水平投影线计算。

2 住宅建筑面积

住宅建筑面积是指住宅外墙（柱）勒脚以上各层的外围水平投影面积，包括阳台、挑廊、地下室、室外楼梯等，以及具有上盖、结构牢固、层高 2.20m 以上（含

2.20m）的永久性建筑。

3 住宅产权面积

住宅产权面积是指产权所有人依法拥有住宅所有权的住宅建筑面积。住宅产权面积由省（直辖市）、市、县房地产行政主管部门登记确权认定。

4 住宅预测面积

住宅预测面积是指在商品房期房（有预售销售证的合法销售项目）销售中，根据国家规定，由房地产主管机构认定具有测绘资质的住宅测量机构，主要依据施工图纸、实地考察和国家测量规范对尚未施工的住宅预先测量计算出的面积。它是开发商进行合法销售的面积依据。

5 住宅实测面积

住宅实测面积是指商品房竣工验收后，工程规划相关主管部门审核合格，开发商依据国家规定委托具有测绘资质的住宅测绘机构参考图纸、预测数据及国家测绘规范的规定对楼宇进行的实地勘测、绘图、计算而得出的面积，是开发商和业主的法律依据，也是业主办理产权证、结算物业费及相关费用的最终依据。

6 装修合同违约责任

装修过程中的违约责任一般分为甲方违约责任和乙方违约责任两种。甲方违约责任比较常见的是拖延付款时间，乙方违约责任比较常见的是拖延工期。

7 "工程过半"

从字面上来理解，"工程过半"就是指装修工程进行了一半。但是，在实际过程中往往很难将工程阶段划分得非常准确。因此，一般会用两种办法来定义"工程过半"：

① 工期进行了一半，在没有增加项目的情况下，可认为工程过半；

② 将工程中的木工活贴完饰面但还没有油漆（俗称木工收口）作为工程过半的标志。

装修预算的制定

（一）装修预算的程序

量房

明确室内的准确尺寸

施工图纸

完成整套施工图纸，明确图纸中具体的尺寸、材料及工艺

装修项目清单

根据施工图纸将所需的装修项目罗列出来，用来做装修预算表

计价

根据合作商或者施工合作方等寻求装修项目的报价，并进行价格协商（如公司本身有施工团队，只需工价及材料报价即可，以公司实际情况为准），计算成本和利润

制作装修预算表

根据项目报价进行整合、计算并制作装修预算表

（二）编制预算的基本原则及方法

1 基本原则

编制预算就是以业主所提出的施工内容、制作要求和所选用的材料、部品件等作为依据，计算相关费用。目前行业内设计公司制度各有不同，其中比较规范的做法是以设计内容为依据，按工程的部位逐项分别列编材料（含辅料）、人工以及部品件的名称、品牌、规格型号、等级、单价、数量（含损耗率）、金额等。其中，人工费要明确工种、单价、工程量、金额等。这样既方便公司与业主双方的洽谈、核对费用，也可以加快个别项目调整的商谈确认速度。

2 编制方法

（1）概算定额编制法

概算定额编制法是根据各分部分项工程的工程量、概算定额基价、概算费用指标及单位装饰工程的施工条件和施工方法计算工程造价。

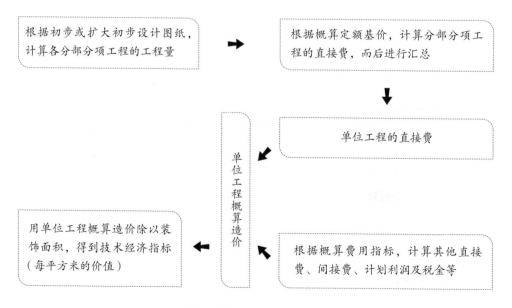

概算定额编制法的编制程序图示

（2）概算指标编制法

概算指标编制法的计算程序与概算定额编制法基本相同，但用概算指标编制装饰工程设计概算对设计图纸的要求不高，只需要反映出结构特征，能进行装饰面积的计算即可。概算指标编制概算的关键是要选择合理的概算指标。

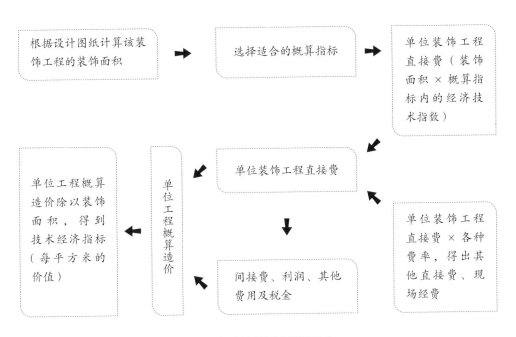

概算指标编制法的编制程序图示

（3）类似工程预算编制法

类似工程预算编制法是指已经编制好的用于某装饰工程的施工图预算。这种编制方法时间短，数据较为准确。

类似工程预算编制法的编制程序图示

（4）单位估价法

单位估价法是根据各分部分项工程的工程量、预算定额基价或地区单位估价表，计算工程造价的方法。

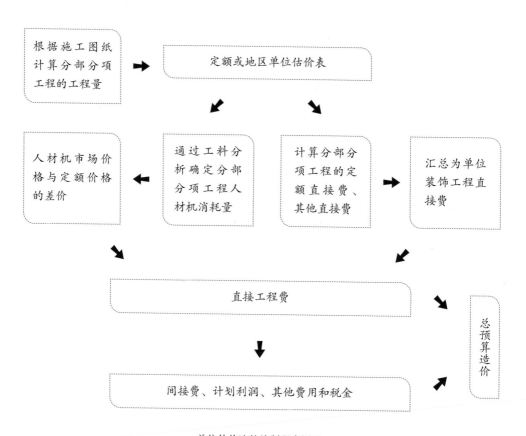

单位估价法的编制程序图示

第二章
不同装修风格预算范围

　　不同的家装风格中，典型的材料、造型等代表元素是不同的，有些需要硬装造型的配合，有些则完全依靠后期软装饰。即使是顶面、墙面完全不做造型的同一户型，在完全依靠软装装饰的情况下，由于选择的风格不同，花费也是有区别的。

现代风格

（一）现代风格概述

现代风格即现代主义风格，又称功能主义风格，是工业社会的产物。它提倡突破传统，追求时尚潮流和创造革新，注重结构构成本身的形式美。因其讲究突出材料自身质地和色彩的配置效果，所以在现代风格的住宅中，并不需要太多的墙面装饰和软装，而是追求每一件装饰品都恰到好处，在预算方面能够节省一些不必要的开支。

扫 / 码 / 观 / 看
现代风格如何设计

典型的现代风格

1 风格特点及整体预算

现代风格最主要的特点是造型精炼，讲求以功能为核心，反对多余装饰。在硬装方面，会在顶面和墙面适当使用一些线条感强烈但并不复杂的造型；在软装方面，则讲求恰到好处，不以数量取胜。装修整体造价通常为 15 万 ~32 万元。

② 适用的硬装材料

现代风格是时尚和创新的融合，在硬装方面会较多地使用仿石材砖、壁纸、大理石、镜面玻璃、棕色系和黑灰色的饰面板等材料来营造时尚感。另外，不锈钢是非常常见的硬装材料，常用于包边处理或切割成条形镶嵌。

③ 适用的软装材料

现代风格的家居中软装以灯具和家具为主体，并较多使用结构式的、较为个性的款式。如果想要节省资金，可将主要软装的预算放宽，如沙发或主灯选择极具代表性的，其他部分可以适当收紧。软装数量不宜多，可选择金属、玻璃等材质的款式。

（二）现代风格典型硬装材料预算

硬装材料	材料说明	市场价格
大理石	现代风格家居中无色系和棕色系的大理石使用频率较高，用在背景墙或整体墙面上时多做抛光处理	适用于现代风格的大理石市场价格通常为 120~380 元/m²
壁纸	现代风格家居中的重点墙面部分常使用一些具有时尚感的壁纸，使用面积较多且通常会搭配其他材料做造型，常用条纹图案、具有艺术感的具象图案、几何或线条图案	适用于现代风格的时尚壁纸市场价格通常为 90~350 元/m²
镜面玻璃	超白镜、黑镜、灰镜、茶镜以及烤漆玻璃等玻璃类材料具有强烈的时尚感和现代感，与现代风格搭配非常协调。玻璃造型以条形或块面造型最为常见，可直接选择整幅图案式的烤漆玻璃作为背景墙，但图案需符合风格特征	适用于现代风格的镜面玻璃市场价格通常为 85~290 元/m²

续表

硬装材料	材料说明	市场价格
不锈钢	灰色水泥墙面与同色系不锈钢隔断搭配，粗糙与抛光的质感相辅相成。除此之外，不锈钢也经常被使用在地面及各处台面上。在整体空间上，不锈钢的使用面积较小，常作为点缀材料存在	适用于现代风格的不锈钢市场价格通常为15~35元/m
棕色木纹饰面板	棕色或黑、灰色的木纹饰面板更符合现代风格的特征。结合现代的制作工艺，将其用在背景墙部分，造型不会过于复杂，大气而简洁。常会搭配不锈钢组合造型	适用于现代风格的木纹饰面板市场价格通常为85~248元/张

（三）现代风格典型软装材料预算

软装材料	材料说明	市场价格
结构式沙发	沙发造型不再局限于常规款式：直线条简洁款式更多地出现在主沙发上；而双人沙发或单人沙发则在讲求功能性的基础上，更多地体现出结构的设计。常用材料有皮革、丝绒和布艺，搭配金属、塑料或木腿等	适用于现代风格的沙发市场价格通常为2300~7800元/套

续表

软装材料	材料说明	市场价格
简洁大气的床	床头多使用硬包造型，但并不如欧式床那么复杂，包边材料主要有布艺、不锈钢等。除了常见的直腿床外，还有很多讲求结构设计的款式，例如将前后腿部连接起来的大跨度弧线腿床	适用于现代风格的床市场价格通常为3200~8450元/张
具有线条感的灯具	以直线条组合为主、少用碗状而多用几何形的灯罩，这种结构性强的吊灯非常符合现代风格的特征。材料多以金属、玻璃为主。除此之外，金属罩面的落地灯、壁灯、台灯等局部性灯具也很常用	适用于现代风格的灯具市场价格通常为650~3350元/盏
珠线帘	在现代风格的居室中，可以选择金属、水晶、贝壳等材料或珍珠帘、线帘、布帘等个性化珠线帘装饰空间，增添时尚感和个性。除了作为装饰品外，珠线帘还可以作为轻盈、透气的软隔断来使用	适用于现代风格的珠线帘市场价格通常为97~380元/个
无框抽象装饰画	抽象派装饰画的画面没有规律，非具象画面，属于充满了各种颜色的意念派，搭配上无框的装饰手法，悬挂在现代风格的家居中，能够增添时尚感和艺术性，彰显居住者的涵养和品位	适用于现代风格的装饰画市场价格通常为250~760元/组

简约风格

（一）简约风格概述

简约风格的家居装修简便、支出费用较少，以"重装饰，轻装修"为原则。简洁、实用、节约是简约风格的基本特点。简约风格家居的预算重点是后期的软装部分，注重质量而非数量，放宽重点空间的装修费用支出。

扫 / 码 / 观 / 看
教你打造极简风的家

典型的简约风格

1 风格特点及整体预算

简约风格的核心思想是"少即是多"，舍弃一切不必要的装饰元素，摒弃复杂的设计元素，追求造型的简洁和色彩的愉悦。墙面很少采用造型，因此装修整体造价通常为 10 万 ~ 18 万元。

2 适用的硬装材料

简约风格硬装所使用的材料范围有所扩大，虽然仍然会使用传统的石材、木材以及砖等天然或半天然材料，但比例有所减少，现代感的金属、涂料、玻璃、塑料及合成材料会单独或与传统材料组合使用，所以在做设计及预算时，也可列入选择范围。

3 适用的软装材料

简约风格的软装款式应与硬装相呼应，可选择一些功能较多且实用的家具，例如折叠家具、直线条的可兼做床的沙发等。装饰品数量在于精而不在于多，外形简练的陶瓷摆件、玻璃摆件和金属摆件等都可以列入预算中。

（二）简约风格典型硬装材料预算

硬装材料	材料说明	市场价格
纯色涂料或乳胶漆	各种色彩的光滑面涂料或乳胶漆是简约风格家居中最常用的顶面和墙面材料。没有任何纹理的质感能够塑造出宽敞的基调。色彩可根据喜好和居室面积来选择	适用于简约风格的乳胶漆市场价格通常为 36~75 元 /m²

续表

硬装材料	材料说明	市场价格
白色系大理石	爵士白、雅士白、珍珠白等白色系大理石，具有简约风格的代表色，不宜选择纹理太复杂的款式，通常被用在客厅中装饰主题墙，可以搭配不锈钢边条或黑镜	适用于简约风格的大理石市场价格通常为260~1100元/m²
暖色玻化瓷砖	玻化砖有"地砖之王"的美誉，表面光亮，性能稳定，较好打理，装饰效果可媲美石材，符合简约风格追求实用性和宽敞感的理念。使用部位一般为客餐厅的地面	适用于简约风格的玻化砖市场价格通常为75~320元/m²
磨砂镜面	常用的磨砂镜面包括银镜、灰镜、通透玻璃等，由于没有花纹装饰，因此可扩大空间感并增强时尚感，可大面积用在主题墙上，也可以设计在推拉门或隔断等处	适用于简约风格的磨砂镜市场价格通常为150~280元/m²

续表

硬装材料	材料说明	市场价格
纯色壁纸	纯色壁纸给人的感觉比较简练，符合简约风格的主旨，很适合用在简约家居的客厅电视墙、沙发墙以及卧室或书房的墙面上，平面粘贴或与涂料、乳胶漆、石膏板等材料搭配组合做一些大气而简约的造型，为简约居室增添层次感	适用于简约风格的壁纸市场价格通常为55~135元/m²

（三）简约风格典型软装材料预算

软装材料	材料说明	市场价格
低矮造型床	低矮、直线条、色彩明快的床是比较具有简约风格代表性的，如果是小卧室，且同时兼具储物功能或可折叠功能，则更能体现简约特点。整体上以板式家具为主	适用于简约风格的床市场价格通常为2650~7400元/张
简洁美感座椅	简约风格的家居中，座椅是不可缺少的活跃空间氛围的家具。它的材质和色彩选择范围较大。造型上不再限制于直线条的款式，即使是弧度的设计也非常利落	适用于简约风格的座椅市场价格通常为280~940元/张

续表

软装材料	材料说明	市场价格
组合装饰画	简约风格的装饰画多采用组合的形式呈现，或以纯粹的黑白灰两色或三色组合，或加入其他色彩，但色彩数量均不宜太多。画框的造型也非常简洁，基本没有雕花和弧线，虽然整体简单却十分经典	适用于简约风格的装饰画市场价格通常为420~1150元/组
纯色布艺窗帘	简约风格中的布艺窗帘多为素色的款式，例如灰色、白色、米色等。面积越大的布艺窗帘越给人一种素净、低调的感觉；小面积的布艺窗帘则可适量选择亮丽一些的彩色或带有一些几何形状的纹理	适用于简约风格的布艺窗帘市场价格通常为85~270元/m
大叶绿植	因为装饰品的数量被精减，所以适当地使用一些花艺或绿植能够为简约居室增添一些生活气息。花艺的最佳选择是单枝或数枝造型优美的品种；绿植的叶片大一些、数量少一些更符合简约的特点	适用于简约风格的绿植市场价格通常为58~320元/盆

北欧风格

（一）北欧风格概述

北欧风格源于北欧地区，它包含了三个流派，分别是瑞典设计、丹麦设计、芬兰现代设计，统称为北欧风格，均具有简洁、自然、人性化的特点，最突出的特点就是极简。这种极简不仅体现在居室的硬装设计上，同样也体现在软装的搭配上，同时又以舒适性为设计出发点，充分具备了人性化的关怀。

扫 / 码 / 观 / 看
1分钟看懂北欧风精髓

典型的北欧风格

1 风格特点及整体预算

北欧风格家居中的顶、墙、地三个面，完全不用纹样和图案装饰，只用线条、色块来区分点缀，也就是说不做任何造型，只涂色，靠后期的软装进行装饰，且软装数量不宜过多，是非常节省预算的一种装修风格。装修整体造价通常为 13 万 ~ 20 万元。

② 适用的硬装材料

北欧风格发源地的地域特征决定了其非常注重对自然材料的运用，木材是其灵魂材料。地面使用的通常是各种类型的木地板，但色彩不会太深。由于墙面基本不使用造型，因此涂料、乳胶漆、粗糙的砖、文化石等就非常适用。

③ 适用的软装材料

如果预算不是很充足，墙面可以直接"四白落地"，把重点放在家具和灯具的搭配上。北欧风格以设计闻名于世，代表款式非常多，家具完全不带雕花和纹饰，以布艺和木料为主，而灯具则以金属材质为主。

（二）北欧风格典型硬装材料预算

硬装材料		材料说明	市场价格
彩色乳胶漆		北欧风格的最大特点是基本不使用任何纹样和图案来做墙面装饰，所以墙面的装饰就需依靠色彩非常丰富的乳胶漆或涂料来表现。其中，亚光质感的或带有一些颗粒感的款式，更符合北欧风格的意境	适用于北欧风格的乳胶漆市场价格通常为 38~ 84 元 /m²
白色砖墙		白色砖墙经常被用作电视墙或沙发墙。它具有自然的凹凸质感和颗粒状的漆面，可以表现出北欧风格原始、自然且纯净的内涵，同时还能够为材料限制较大、质感比较单一的墙面增加一些层次感	适用于北欧风格的墙面装饰砖市场价格通常为 165~ 245 元 /m²

续表

硬装材料	材料说明	市场价格
浅色木地板	木材料是北欧风格的灵魂。一般家装地面面积较大，常使用各种木地板做装饰，如强化木地板、复合木地板甚至是实木地板等。但木地板很少使用深色或红色系，而较多使用白色、浅灰色、浅原木色、浅棕色等	适用于北欧风格的木地板市场价格通常为170~420元/㎡
木饰面板	木饰面板易于造型，可与多种材料搭配组合，具有丰富的木质纹理，但它很少用在纯北欧家居中，常用在一些改良式的或与其他风格混搭的北欧家居中，色彩多为浅色系列或浅棕色	适用于北欧风格的木饰面板市场价格通常为120~280元/张
北欧风格壁纸	北欧风格的壁纸不同于纯白的乳胶漆墙面，其具有丰富的色彩变化和类似墙贴般的装饰纹理，多粘贴在卧室、书房等空间	适用于北欧风格的壁纸市场价格通常为65~145元/㎡

（三）北欧风格典型软装材料预算

软装材料	材料说明	市场价格
布艺沙发	典型北欧风格的沙发都比较低矮，扶手及框架部分完全不设计任何雕花装饰，整体造型极其简洁，特征显著，小户型和大户型均适用。材料组合以布艺搭配木腿的款式为主，面层多为纯色或色彩明快的布料	适用于北欧风格的布艺沙发市场价格通常为3300~8560元/套

续表

软装材料	材料说明	市场价格
原木餐桌	北欧风格崇尚原木色,而在餐桌的设计中,多采用浅色原木,一方面展现出轻快的色调,另一方面突出北欧风格贴近自然的设计	适用于北欧风格的餐桌市场价格通常为2300~4650元/张
几何形极简几类	圆形、圆弧三角形带有低矮竖立边的茶几、角几等是最具北欧特点的几类款式。除此之外,长条形的几类也比较常用。材料以全实木、全铁艺、板式木或大理石面搭配铁艺比较常见	适用于北欧风格的茶几、角几市场价格通常为260~780元/张
极简吊灯	北欧风格的灯具极具设计感,以实木和金属材料为主,吊灯、台灯或落地灯的罩面不使用图案,而是以极简造型取胜。色彩比较多样化,但都给人非常舒适的感觉,黑色、白色、原木色、红色、蓝色、粉色、绿色等比较多见	适用于北欧风格的灯具市场价格通常为580~1640元/盏
黑框白底装饰画	北欧装饰画画框造型简洁,宽度较窄,色彩多为黑色、白色或浅色原木。画面底色以白底最为常见;图案多为大叶片的植物、麋鹿等北欧动物或几何形状的色块、英文字母等;色彩以黑色、白色、灰色及各种低彩度的彩色较为常见	适用于北欧风格的装饰画市场价格通常为220~800元/幅

四 新中式风格

（一）新中式风格概述

如果说传统中式风格是对古典的再现，那么新中式风格就是对古典精华元素的再加工。它继承了明清时期家居理念的精华，将其中的一些经典元素提炼出来并加以丰富，包括图案、造型和色彩等，同时改变严谨、对称的布局，给传统家居文化注入了新的气息。

扫 / 码 / 观 / 看
简中有韵，新中式精
髓皆在此

典型的新中式风格

1 风格特点及整体预算

新中式风格不是完全意义上的复古，而是通过一些中式特征，表达对清雅含蓄、端庄丰华的东方式精神境界的追求。装饰材料的选择上，木料仍然占据较大的比例，但并不仅限于木料，天然类的石材以及一些新型的金属、玻璃等也常运用其中。装修整体造价通常为 20 万 ~45 万元。

② 适用的硬装材料

木料仍是非常具有代表性的材料，在硬装材料的预算中可以加大资金比例。为了表现新中式的特征，实木材料的使用量会相应减少，而多使用板材做装饰。另外，石材、砖、不锈钢、玻璃等材料可以适量使用。

③ 适用的软装材料

新中式风格在软装上与传统中式风格相比改变较大，它仅具有中式的神韵，而更多使用的是现代的造型手法和材料组合。预算重点在大件家具、灯具和摆件上。例如，主沙发、主吊灯和大型摆件预算费用较高，辅助沙发、座椅、小灯具以及小摆件的预算费用可以低一些。

（二）新中式风格典型硬装材料预算

硬装材料		材料说明	市场价格
木制造型		新中式风格的木质材料使用，不再像传统中式风格那样覆盖整个墙面，而是要做一些留白的设计，利用木质材料的纹理结合其他材料，塑造出多层次的质感。如回字形吊顶加一圈细长的实木线条，或是电视背景墙用实木线条勾勒出新中式造型等	适用于新中式风格的木制造型市场价格通常为 350~760 元 / m²
新中式壁纸		新中式风格的壁纸具有清淡优雅之风，多带有花鸟、梅兰竹菊、山水、祥云、回纹、书法文字或古代侍女等中式图案，色彩淡雅、柔和，一般比较简单，不具烦琐之感。可单独粘贴在墙面上，也可以搭配一些木质或石膏板造型制造层次感	适用于新中式风格的壁纸市场价格通常为 68~145 元 /m²

续表

硬装材料		材料说明	市场价格
天然石材		石材纹理自然、独特且具有时尚感，用途比较广泛。在新中式住宅中适量地使用一些石材可以提升整体的现代感，可以用来装饰地面，也可以搭配木料做造型用在背景墙上	适用于新中式风格的天然石材市场价格通常为350~720元/m²
不锈钢线条		新中式风格住宅中除较多地运用一些实木线条外，还会经常将金色或银色的不锈钢设计加入到墙面造型中。如在背景的石材造型四周包裹不锈钢，使不锈钢与石材的硬朗质感良好地融合在一起，使古典和时尚融合	适用于新中式风格的不锈钢线条市场价格通常为18~45元/m
仿石材瓷砖		若从节约资金和施工便捷性的角度出发，地面使用一些仿大理石纹理、仿实木地板纹理或仿青石板的地砖，既能够增添一些古雅的韵味，又符合现代人的生活需求	适用于新中式风格的瓷砖市场价格通常为80~320元/m²

（三）新中式风格典型软装材料预算

软装材料		材料说明	市场价格
木结构沙发		木结构沙发可以分为两类：一类是实木沙发，与传统实木沙发的区别是基本不使用雕花造型，整体造型比较简洁，多为直线条，有些还会涂刷彩色油漆；另一类是复合材质的沙发，框架部分也常使用木料，或木料搭配藤等	适用于新中式风格的沙发市场价格通常为3760~8850元/套

软装材料		材料说明	市场价格
四柱床		四柱床是新中式风格中非常具有代表性的家具。不同于古代的四柱床，新中式四柱床在造型上简化了很多，不加入雕花设计，多为直线条造型，材质有实木也有复合木，整体感觉较轻盈，顶面可搭配白纱烘托氛围	适用于新中式风格的四柱床市场价格通常为4100~7900元/张
彩绘实木柜		经过彩色油漆或彩色油漆加彩绘的柜子，表面做一些类似掉漆等形态的做旧处理，具有传承传统的感觉，非常适合放在玄关、过道或卧室内做装饰，能够为新中式的居室增添个性和艺术氛围	适用于新中式风格的实木柜市场价格通常为1850~3700元/个
水墨抽象画		与古典中式风格相同的是，古典风格的国画、书法作品等也适合用在新中式风格的家居中，能够增加古典气氛，表现业主的品位。除此之外，一些带有创意性的水墨抽象画也可以表现新中式风格的传统意境，黑白或彩色均可	适用于新中式风格的装饰画市场价格通常为650~2150元/幅
东方风格花艺		东方风格的花艺重视线条与造型的灵动美感，崇尚自然，追求朴实秀雅，花枝少，多采用浅、淡色彩，以优雅见长，着重表现自然姿态美，能够为新中式住宅增添灵动的美感，与新中式风格的内涵相符，适合摆放在台面或家具上	适用于新中式风格的花艺摆件市场价格通常为150~400元/瓶

简欧风格

（一）简欧风格概述

简欧风格就是将古典欧式风格简化后的欧式风格。古典欧式风格对建筑的构架要求较高且比较华丽，对于喜爱欧式风格但居住在平层的人群来说不太适宜。而简欧风格不仅汲取了古典欧式的造型精华部分，且融合了现代人的生活习惯和建筑结构特征，更多地表现为实用性和多元化，同时仍具有欧式风格的典雅特征。

扫 / 码 / 观 / 看
简欧风这样装才有直撩心底之美

典型的简欧风格

■ 风格特点及整体预算

简欧风格就是用现代简约的手法通过现代的材料及工艺重新演绎，营造欧式传承的浪漫、休闲、华丽大气的氛围。墙面和家具的造型一方面保留了古典欧式材质、色彩的大致风格，仍然可以很强烈地感受到传统的历史痕迹与浑厚的文化底蕴，同时又摒弃了过于复杂的肌理和装饰。简欧风格预算的金额要低于古典欧式风格，装修整体造价通常为 22 万～52 万元。

2 适用的硬装材料

简欧风格家居不再使用复杂的、大量的顶面和墙面造型，例如跌级式吊顶和护墙板等，而是以乳胶漆、壁纸等材料搭配无雕花装饰的石膏线或大理石做造型。门窗的设计也更简约，以直线条为主。硬装的底色大多以白色、淡色为主。总体来说，其硬装造型具有两个特征：一是对称，多为方形；二是使用的材料细节上较为精致。如果从节约资金的角度出发，一个空间内可以设计一面重点墙面，其他部分不使用造型。

3 适用的软装材料

简欧风格家居中的软装不再追求表面的奢华和美感，而是更多地从解决人们生活的实际问题出发。软装的总体造型设计延续了欧式经典的曲面设计，但弧度更大气，大大减少了雕花、描金等装饰，还加入了大量的直线来表现简洁感。

（二）简欧风格典型硬装材料预算

	硬装材料	材料说明	市场价格
墙面线条造型		简欧风格家居中为了凸显简洁感很少会使用护墙板。为了在细节上表现欧式造型特征，通常把石膏线或木线用在重点墙面上，做具有欧式特点的造型	适用于简欧风格的石膏线市场价格通常为 15～35 元/m
花纹壁纸		除了大马士革纹、佩兹利纹等古典欧式风格纹理的壁纸外，简欧风格居室内还可以使用条纹和花纹图案的壁纸。在同一个空间中很少会单独使用壁纸来贴墙，往往在主题墙部分搭配一些造型，其他墙面再部分或全部粘贴壁纸，或者仅主题墙粘贴壁纸，这样更符合简欧风格的特征	适用于简欧风格的壁纸市场价格通常为 68～146 元/m²

续表

硬装材料		材料说明	市场价格
大理石地面		根据户型特点选择简欧风格居室的地面材料。如果是复式或别墅，一层可以整体铺贴大理石，并加入一些拼花设计，来彰显大气感；如果是平层结构，可以在公共区铺设大理石，在面积小的空间，可以不做大面积的拼花而做小块面的拼花	适用于简欧风格的大理石市场价格通常为260~470元/m²
复合木地板		舒适感的营造是简欧风格区别于古典欧式风格的一个显著特征，所以在非公共区域内，使用一些木质地板能够增添温馨的感觉。在卧室、书房等空间中，色彩的选择比较重要，可以选择棕色系、红色系等	适用于简欧风格的复合木地板市场价格通常为160~330元/m²
简化的壁炉		壁炉是欧式设计的精华所在，所以在简欧风格居室中也是很常见的硬装造型。与古典欧式风格壁炉的区别是，它的造型更简洁一些，整体具有欧式特点但不再使用繁复的雕花	适用于简欧风格的壁炉市场价格通常为1000~3800元/个

（三）简欧风格典型软装材料预算

软装材料		材料说明	市场价格
简欧风格沙发		简欧风格的沙发体积缩小，同时雕花、鎏金等华丽的设计大量减少，或只出现在扶手或腿部，或完全不使用。除了以丝绒和皮料为面料，还加入了不少布艺的款式。整体造型大气，仍然使用弧度，但更多地融入了直线	适用于简欧风格的沙发市场价格通常为3200~9400元/套

续表

软装材料	材料说明	市场价格
布艺软包床	靠背或立板的下沿使用简洁的大幅度曲线、床头板部分多使用舒适的布艺软包且腿部比较矮的床，用在简欧风格的卧室中，能够彰显风格特点	适用于简欧风格的床市场价格通常为 3450~7700 元/张
水晶烛台吊灯	框架造型以柔和的曲线为构架，不使用或很少使用复杂的雕花，灯具使用仿烛台款式，下方悬挂水晶装饰的吊灯，能够为简欧风格的家居增添低调的华丽感	适用于简欧风格的灯具市场价格通常为 1860~5400 元/盏
现代感油画	简欧风格家居除了使用一些画框造型比较简单但带有欧式特征的古典西洋油画外，还适合使用一些具有现代感的油画，例如立体油画、抽象油画等	适用于简欧风格的装饰画市场价格通常为 840~1560 元/幅
金属摆件	金属摆件是简欧风格区别于古典欧式风格的一个显著元素，有两种类型：一类是纯粹的金属，此类摆件表面不会处理得很光滑，独具个性和艺术感；另一类是金属和玻璃结合的摆件，金属部分通常会比较光亮	适用于简欧风格的摆件市场价格通常为 470~1360 元/个

地中海风格

（一）地中海风格概述

地中海风格于 9~11 世纪时开始兴起，它是海洋风格装修的典型代表。物产丰饶、海岸线长、建筑风格多样化、日照强烈、风土人文独特等，这些因素决定了地中海风格极具亲切感的田园风情，同时具有自由奔放、色彩丰富明媚的特点。使用海洋元素进行家居设计是其区别于其他风格的典型特征。

典型的地中海风格

1 风格特点及整体预算

地中海沿岸的建筑多通过连续的拱门、马蹄形窗等来体现空间的通透，用栈桥状露台和开放式房间功能分区体现开放性，通过这一系列的建筑装饰语言来表达地中海装修风格的自由精神内涵。因此，在地中海风格的家居中，无论是硬装还是软装，圆润弧度的造型是最为常用的，可以作为预算重点。装修整体造价通常为15万~22万元。

2 适用的硬装材料

地中海沿岸建筑给人一种非常自由、惬意的感觉，外表常使用白色或彩色的粗颗粒涂料来涂刷，让人印象非常深刻，所以地中海风格装修也延续了这种做法。另外，为了表现自然感，一般选用自然的原木、天然的石材等，再用马赛克、小石子、瓷砖、玻璃珠和贝壳类做点缀。

3 适用的软装材料

家具线条简单、造型圆润，并带有一些弧度；材料上以天然的布料、实木和藤等为主；小装饰则以海洋元素造型为主，包括灯塔、船、船锚、船舵、鱼、海星等。选择带有这些特点的软装能够迅速打造出具有浓郁地中海风格的空间。

（二）地中海风格典型硬装材料预算

硬装材料		材料说明	市场价格
白色圆润墙面		将白色乳胶漆涂刷在圆润的墙面上，是地中海装修风格中典型的设计手法。与地中海的气质相符的白色，加上其自身所具备的圆润的质感，令居室呈现出地中海风格建筑所独有的韵味	适用于地中海风格的乳胶漆市场价格通常为65~145元/m²
蓝白马赛克		马赛克是地中海家居中非常重要的一种装饰材料，通常以蓝色和白色为主，两色相拼或加入其他色彩，常用的有玻璃、陶瓷和贝壳质质。除了用在厨卫空间外，也可以用在客厅、餐厅等空间的背景墙和地面上	适用于地中海风格的马赛克市场价格通常为156~320元/m²

续表

硬装材料	材料说明	市场价格
海洋风格墙绘	典型的地中海风格墙绘会带有一些海洋元素图案，图案尺寸通常满铺墙面，有时还会与条纹组合起来使用，色彩都比较淡雅、清新	适用于地中海风格的墙绘市场价格通常为120~230元/m²
圆拱造型	装饰设计上会把其他风格中所用的拱形都称为地中海拱形，可见拱形是地中海风格的绝对代表性元素。圆润的拱形不仅用在垭口部位，还会用在墙面、门窗等顶部位置，有时甚至会使用连续的拱形	适用于地中海风格的圆拱造型市场价格通常为500~650元/项
浅色仿古地砖	具有做旧效果的仿古地砖非常适合自然类风格，在地中海风格家居中同样常见。极具特色的是，仿古砖的使用非常具有创意性，地面上除了平行铺设还经常做斜向铺设。仿古砖除了用在地面上外，也经常用在餐厅、卫浴等空间的背景墙部分，搭配一些花砖做组合，表现风格淳朴、自然的一面	适用于地中海风格的仿古地砖市场价格通常为120~245元/m²

（三）地中海风格典型软装材料预算

软装材料	材料说明	市场价格
蓝白条纹布艺沙发	布艺沙发是地中海风格中具有代表性的家具之一，最典型的是蓝白条纹的棉麻材料款式，有时还会搭配一些格纹或碎花图案，表现地中海风格中田园的气息	适用于地中海风格的沙发市场价格通常为2650~6700元/套

软装材料		材料说明	市场价格
白色混油餐桌		与硬装部分的拱形能非常协调地组合起来的是线条简单、造型圆润的木质家具。餐桌通常会涂刷白色混油；座椅通常会完全使用实木材质，木本色或涂刷白色、蓝色油漆	适用于地中海风格的餐桌市场价格通常为1760~3500元/张
吊扇灯		地中海吊扇灯是灯和吊扇的完美结合，既具有灯的装饰性，又具有风扇的实用性，可以将古典美和现代美完美体现。常用在餐厅，与餐桌及座椅搭配使用，装饰效果十分出众	适用于地中海风格的吊扇灯市场价格通常为1650~2500元/盏
海洋风摆件		海洋元素造型的饰品是地中海风格独有的代表性装饰，能够塑造出浓郁的海洋风情，常用的有帆船模型、救生圈、水手结、贝壳工艺品、木雕刷漆的海鸟和鱼类等	适用于地中海风格的摆件市场价格通常为460~1360元/个
地中海风床品		与地中海风格布艺沙发相同的是，地中海风格的床品同样以天然棉麻材料为主，或纯色，或条纹格纹，还有可能是带有海洋元素印花的款式	适用于地中海风格的床品市场价格通常为270~860元/套

七 田园风格

（一）田园风格概述

田园风格形成于 20 世纪中期，在这之前的室内装饰都比较繁复、奢华，所以清新、自然的田园风格应运而生，表现的是人们贴近自然、向往自然的追求，注重的是表现悠闲、舒畅、自然的生活情趣。田园风格的室内装饰会运用到大量的原木材质和带有田园气息的壁纸，同时花艺和绿植也是不可缺少的。

扫 / 码 / 观 / 看
1 分钟了解田园风

典型的田园风格

1 风格特点及整体预算

田园风格以表现贴近自然、展现朴实生活的气息为主，特点是朴实、亲切、实在。广义来说，田园风格包括欧式田园、法式田园、英式田园、中式田园、韩式田园、美式乡村等。它并不专指某一特定时期或区域，虽然不同发源地让其略有不同，但总体意境是相同的。在装饰方面其显著特点是自然元素的利用，所以预算重点放在这方面既可以装饰出田园风格特点又可以节约资金。田园风格居室的装修整体造价通常为 18 万~28 万元。

2 适用的硬装材料

提起田园风格，人们印象最深刻的就是碎花和格子。它们不仅通过布艺来呈现，也会使用在壁纸上。除此之外，一些原木的运用也是田园风格的一个特征，更容易塑造出田园风格的精髓。

3 适用的软装材料

田园风格家具有两种类型，都具有优雅、清新的韵味：一是以白色、奶白色、象牙色的实木为框架，搭配纤维板或布艺；二是完全的布艺款式。小件软装具有代表性的是自然材料的类型。这两类可作为预算重点。

（二）田园风格典型硬装材料预算

硬装材料		材料说明	市场价格
碎花、格纹壁纸		具有田园代表性元素的各种碎花、格纹壁纸和壁布是田园风格家居中最为常用的壁面材料，其中碎花图案的款式通常是浅色或白色底。花朵图案为主的款式，花朵的尺寸相对比较大时，可以选择带有凹凸感的材质，表现花朵的立体感，强化风格的自然特征	适用于田园风格的壁纸市场价格通常为58~130元/㎡
墙裙		田园风格中的实木墙裙以绿色、白色木质为主，除了实木的做法外，还可以在墙裙上沿的位置使用腰线，上部分刷乳胶漆或涂料，下部分粘贴壁纸来做造型	适用于田园风格的实木墙裙市场价格通常为850~3200元/㎡

续表

硬装材料		材料说明	市场价格
仿古砖		仿古砖是田园风格地面材料的首选。粗糙的质地让人感受到它朴实无华的内在，非常耐看，能够塑造出一种淡淡的清新之感	适用于田园风格的仿古砖市场价格通常为 110~230 元 /m²
砖墙		田园风格与砖墙搭配是非常协调的，具有质朴的感觉。常用的有红砖和涂刷白色涂料的白砖。前者很少大量使用，会少量用在背景墙部分；后者既可搭配墙裙等设计组合使用，也可以整面墙式地使用	适用于田园风格的条形瓷砖市场价格通常为 75~160 元 / m²
彩色乳胶漆		田园风格家居中，乳胶漆会使用一些彩色，例如草绿色、米黄色、淡黄色、水粉色等，来表现田园风格的惬意感	适用于田园风格的彩色乳胶漆市场价格通常为 55~85 元 / m²

（三）田园风格典型软装材料预算

软装材料		材料说明	市场价格
碎花布艺沙发		田园风格的沙发以布艺款式为主，在图案上可以选用小碎花、小方格、条纹一类的图案，色彩粉嫩、清新，来表现大自然的舒适和宁静	适用于田园风格的沙发市场价格通常为 4650~8800 元 / 套

续表

软装材料	材料说明	市场价格
象牙白餐桌	象牙白、奶白色的餐桌常出现在英式田园和韩式田园中，使用高档的桦木、楸木等做框架，配以优雅的造型和细致的线条，每一件都含蓄温婉，内敛而不张扬	适用于田园风格的餐桌市场价格通常为1820~3700元/张
田园元素灯具	田园风格的灯具主体部分多使用铁艺、铜和树脂等，造型上会大量使用田园元素，例如各种花、草、树、木的形态；灯罩多采用碎花、条纹等布艺灯罩，多伴随着吊穗、蝴蝶结、蕾丝等装饰。除此之外，还会使用带有暗纹的玻璃灯罩	适用于田园风格的灯具市场价格通常为1250~2600元/盏
自然题材装饰画	田园风格的装饰画题材以自然风景、植物花草、动物等自然元素为主。画面色彩多平和、舒适，由于取自于自然界，且会经过调和降低刺激感再使用，因此即使是对比色也会非常舒适，例如淡粉色和深绿色的组合	适用于田园风格的装饰画市场价格通常为350~1460元/幅
自然风绿植	田园风格与绿植搭配比较协调，例如吊兰、绿萝等，同时还可将一些大叶绿植摆放在精美的盆器中。除此之外，将绿植放在木制花篮中也是很常见的做法。但无论哪种摆放方式，需注意的是绿植宜让人感觉舒适，体积可以小一些	适用于田园风格的绿植市场价格通常为180~670元/盆

八　美式乡村风格

（一）美式乡村风格概述

　　美式乡村风格是一种融合性的风格，是以欧式造型为框架并融入了当地的特征，创造出的独具质朴感和舒适感的设计风格。此风格的家居强调"回归自然"，带着浓浓的乡村气息，以享受为最高原则。总体来看，其典型的要素就是宽大和做旧。

典型的美式乡村风格

1 风格特点及整体预算

　　为了表现风格自由、舒适的惬意感，美式乡村风格家居造型上多见圆润的拱形，最常见的是拱形的垭口；同时，宽大的风格特点决定了其户型面积不能过于狭小。

无论是圆弧造型、较大的面积还是宽大做旧的家具，都将花费一笔不菲的资金，整合起来后，装修整体造价通常为 20 万～58 万元。

② 适用的硬装材料

自然、怀旧、散发着浓郁泥土芬芳的色彩是美式乡村风格的典型特征，以自然色调为主，绿色、土褐色最为常见。而这些色彩在硬装方面主要是通过壁纸和做旧实木结构来体现的。这两种材料可以作为预算的重点。壁纸多为纸浆壁纸，做旧实木结构则通过实木假梁、实木垭口以及实木门等来体现。

③ 适用的软装材料

美式乡村风格的家具颜色多做仿旧处理，材质上以实木和皮质为主，式样非常厚重。布艺也是装饰的主流，为了切合主体特征，多为棉麻材料。除此之外，为了在统一感中增添一些活泼的氛围，家装中带有岁月沧桑感的配饰随处可见。这三类软装可以作为装修预算的重点。

（二）美式乡村风格典型硬装材料预算

硬装材料		材料说明	市场价格
美式图案壁纸		美式乡村风格的壁纸色调整体以绿色、褐色系、蜂蜜色为主，来表现美式风格的朴实性。图案包含了各种具有美式韵味的花鸟、建筑、人物以及拼色条纹等	适用于美式乡村风格的壁纸市场价格通常为 65～145 元/m²
实木墙裙		实木墙裙以木材为基材。在一些面积较大、层高较高的住宅中，用墙裙搭配其他壁纸或文化石装饰墙面，能够凸显美式乡村风格的自然韵味。与欧式墙裙区别较大的是，美式墙裙以直线条块面结构为主，给人的感觉比较敦实	适用于美式乡村风格的墙裙市场价格通常为 850～2560 元/m²

续表

硬装材料		材料说明	市场价格
硅藻泥涂料		美式乡村风格的居室内用硅藻泥涂刷墙面，既环保，又能为居室创造出古朴的氛围。常搭配实木造型涂刷在沙发背景墙或电视背景墙上，结合客厅内的做旧家具，形成美式乡村风格的质朴氛围	适用于美式乡村风格的硅藻泥市场价格通常为85~360元/m²
仿古地砖		仿古地砖是与美式乡村风格最为搭配的材料之一，其本身的凹凸质感及多样化的纹理选择，可使铺设仿古地砖的空间充满质朴和粗犷的味道，且仿古地砖也较容易与美式乡村风格的家具及装饰品搭配	适用于美式乡村风格的仿古地砖市场价格通常为135~280元/m²
文化石		在美式乡村风格居室中通常会使用一些自然切割的石材装饰墙面。由于居住区域或开采等原因的限制，现代家居中往往无法实现使用天然石材装饰的这种做法，但是可以用体积更轻、花样更多的文化石代替自然石材装饰墙面，例如城堡石、鹅卵石等	适用于美式乡村风格的文化石市场价格通常为78~210元/m²

（三）美式乡村风格典型软装材料预算

软装材料		材料说明	市场价格
美式沙发		美式乡村风格带着浓浓的乡村气息，以享受为最高原则，所以在沙发面料上强调舒适度，感觉坐起来宽松柔软，体积庞大，质地厚重，坐垫也加大，彻底将以前欧洲皇室贵族的极品家具平民化，气派而且实用	适用于美式乡村风格的沙发市场价格通常为15400~38600元/套

软装材料		材料说明	市场价格
深棕色桌、柜		桌和柜属于体积较大的家具，造型上都具有显著的乡村特征，桌面或柜面偶尔会采用拼花方式制作。材质仍以实木为主，常会涂刷清漆并有做旧痕迹，而色彩则以棕色系的原木色为主	适用于美式乡村风格的桌、柜市场价格通常为1760~3500元/张（个）
厚重实木床		实木结构的床通常会搭配高挑的床头，整体较低矮、脚短，四个角配有短的立柱，床头雕刻有美式花纹或做皮质拉扣软包造型。这类深色做旧实木床，是典型的美式乡村风格家具	适用于美式乡村风格的床市场价格通常为3800~7900元/张
复古纹理布艺		布艺是美式乡村风格中非常重要的软装元素，带有纹理的棉麻是主流。布艺的天然感与乡村风格能很好地协调。各种繁复的花卉植物、靓丽的异域风情和鲜活的鸟虫鱼图案都很合适，能够展现出风格中舒适和随意的一面	适用于美式乡村风格的布艺窗帘市场价格通常为125~270元/m
阔叶绿植		美式乡村风格中总是少不了绿植的装饰。一些爬藤类、垂吊类以及阔叶类的大型植物，是非常适合用在美式乡村风格家居中的，能够活跃氛围、强化自然气息。可以摆放在做旧感的实木桌面上，也可以准备一些黑色做旧处理的花架，组成一定的造型，丰富空间	适用于美式乡村风格的绿植市场价格通常为380~750元/盆

东南亚风格

（一）东南亚风格概述

东南亚风格是雨林元素的代表风格，它在发展中不断地吸收西方和东方风格特色，发展出了极具热带原始岛屿风情的独特风格。其色彩兼容了厚重和鲜艳，并崇尚纯手工，自然温馨中不失华丽热情，通过硬装的细节和软装来演绎充满原始感的热带风情。

典型的东南亚风格

1 风格特点及整体预算

东南亚风格家居崇尚自然，木材、藤、竹、椰壳板等材质，不论是硬装还是软装都能够用到以上材料。除此之外，为了彰显雨林环境的斑斓，色彩艳丽的布艺也是不可缺少的，可以将预算重点放在这两部分上。装修整体造价通常为 25 万～85 万元。

2 适用的硬装材料

木质材料是东南亚风格家居中硬装方面不可缺少的一部分，经常用壁纸、颗粒感的涂料、天然感的粗糙石材、椰壳板等与其组合搭配。地面用木地板和仿古地砖来强调风格中淳朴、天然的一面。总体来说，东南亚家居中硬装方面常用自然类的或具有质朴感的材料。

3 适用的软装材料

典型软装可以分为两个大类，一类是家具，色彩以深重色系的木本色为主，材料有纯实木、实木框架、实木与藤等编织材料组合三种形式；另一类是布艺，特别是靠枕等小布艺，多为艳丽的彩色，与实木家具搭配来冲破木质的沉闷感，材料以在不同光线下具有变幻感的泰丝为主。

（二）东南亚风格典型硬装材料预算

	硬装材料	材料说明	市场价格
颗粒感硅藻泥		比起较光滑的乳胶漆来说，具有颗粒感的硅藻泥更适合东南亚风格的家居。硅藻泥本身的凹凸纹理所带来的古朴质感与东南亚风格恰好相符，如果选择米色还可为空间增添温馨的感觉，柔化深色实木造型带来的压抑感	适用于东南亚风格的硅藻泥市场价格通常为87~165元/㎡
深色木质材料		深色的木质材料包括实木和饰面板，通常用在顶面、墙面、隔断和门上，最具特点的是顶部的运用，利用较高的层高，在吊顶中按一定规律排列木质材料，搭配白色乳胶漆、棉麻质感的布艺或编织壁纸，使吊顶看起来极具东南亚地域的自然气息	适用于东南亚风格的木质板材市场价格通常为185~340元/㎡

续表

硬装材料		材料说明	市场价格
粗糙质感石材		在东南亚风格的家居中，大理石也常会用到，但比例较少，更多是使用一些未经抛光的保留了表面粗糙感的石材，用雕刻的形式来呈现，例如洞石	适用于东南亚风格的洞石市场价格通常为 260~480 元 /m²
仿亚麻壁纸		仿亚麻壁纸可改变混凝土墙面的冰冷感，使人仿佛置身在热带的天然木结构房屋中。仿亚麻壁纸表面有着凹凸的纹理质感，触感舒适	适用于东南亚风格的壁纸市场价格通常为 120~195 元 / m²
实木雕花格		东南亚风格的雕花格通常采用实木，并保留深棕色的颜色和纹理；雕花图案则多具有异域风情，与中式风格的雕花纹理完全不同，东南亚风格会更多地设计圆润的雕花	适用于东南亚风格的实木雕花格市场价格通常为 530~1240 元 / m²

（三）东南亚风格典型软装材料预算

软装材料		材料说明	市场价格
泰式木雕沙发		柚木是制成木雕沙发的上佳原料，也是最符合东南亚风格特点的木材。雕花通常存在于沙发腿部立板和靠背板处，整体具有一种低调的奢华，典雅古朴，极具异域风情	适用于东南亚风格的沙发市场价格通常为 6370~23000 元 / 套

续表

软装材料		材料说明	市场价格
藤艺家具		藤艺家具通常是采用两种以上材料混合编织而成的，如藤条与木片、藤条与竹条等经手工操作，材料之间的宽、窄、深、浅形成有趣的对比，独具东南亚特色	适用于东南亚风格的藤艺家具市场价格通常为2350~6700元/套
天然色调棉麻窗帘		窗帘一般以自然色调为主，包括素色的淡米色和完全饱和的酒红、墨绿、土褐色等。造型多反映民族信仰。以棉麻等自然材质为主的窗帘款式往往显得粗犷自然，还具有舒适的手感和良好的透气性	适用于东南亚风格的窗帘市场价格通常为66~170元/m
泰丝抱枕		泰丝质地轻柔，色彩绚丽，富有特别的光泽，在不同角度下会变幻色彩，图案也非常多样，极具特色，是色彩厚重的天然材料家具的最佳搭档	适用于东南亚风格的抱枕市场价格通常为80~460元/个
泰式木雕		东南亚风格木雕的木材和原材料包括柚木、红木、桫椤木和藤条。大象木雕、雕像和木雕餐具都是很受欢迎的室内装饰品，摆放在空间内可增添文化内涵	适用于东南亚风格的泰式木雕市场价格通常为750~1640元/个

第三章
不同装修空间预算差别

根据功能的不同，家居中的主要空间通常包括客厅、餐厅、卧室、书房、厨房和卫生间。在同一个空间中，顶面造型的不同、墙面及地面材质的不同也会影响整体预算额度。了解这些预算的差别可以更好地掌控预算。

一 客厅

（一）客厅预算的省钱原则

1 遵循实用的原则

在家居生活中，客厅是主要的活动空间，最能体现主人的品位和修养。现代风格的家居追求的是实用，不妨把更多的钱花在选购实用型家具上。

2 遵循温馨舒适的原则

田园家居追求温馨、自然，天然材质比如藤等价格虽然不高，但却能让人的身心在不知不觉中彻底放松。

3 遵循货比三家的原则

复古家居的预算要比其他风格家居多些，而家具、饰品等是复古家居的主角，不妨多走走、多逛逛，货比三家，自然也能省下不少钱。

（二）客厅不同造型顶面的预算差别

1 平面式吊顶

平面式吊顶是最简单的吊顶类型，它没有任何表面造型和层次装饰，只是简单的平面天花板。这种简单的吊顶平整简洁，而且显得十分大方利落。若是户型较小，客厅面积不大，则可以选择平面式吊顶，不会因为太繁复而给人一种拥挤的感觉。

 预算估价

平面式吊顶的市场价格在 95~115 元 /m²。

2 凹凸式吊顶

凹凸式吊顶可能不止一个层次，造型也十分复杂。若是作为客厅吊顶，那么客厅的面积要大一些才好看。凹凸式吊顶时常搭配各种灯具一起作为装饰，如镶嵌吸顶灯，悬挂吊顶，或是在边缘安装筒灯或射灯。

 预算估价

凹凸式吊顶的市场价格在125~145元/m²。

3 悬吊式吊顶

悬吊式吊顶就是将各种吊顶板材，如木质板材、金属板材或是玻璃板材，悬吊在顶面作为吊顶。悬吊式吊顶造型多变，又富于动感，比较适合一些大户型或别墅的客厅装修，大气又新颖，让人眼前一亮。

 预算估价

悬吊式吊顶的市场价格在125~145元/m²。

4 井格式吊顶

井格式吊顶是指吊顶表面呈井字形格子的吊顶，而之所以表面能呈现这种效果是因为吊顶内部有井字梁。这种吊顶一般都会配以灯饰和装饰线条来造型，打造出一个比较丰富的造型，从而合理区分出空间。井格式吊顶比较适用于大户型，因为这一个个格子在小户型的小空间内会显得比较拥挤。

 预算估价

井格式吊顶的市场价格在155~175元/m²。

（三）客厅不同造型背景墙的预算差别

1 壁纸壁布设计很温馨

壁纸和壁布以其鲜艳的色彩、繁多的品种深深地吸引了人们的视线。这几年，无论是壁纸还是壁布，工艺都有了很大的进步，不仅更加环保，还有遮盖力强等优点。用它们做电视背景墙，能达到很好的点缀效果，而且施工简单，更换起来也很方便。

 预算估价

壁纸及壁布的市场价格在65~250元/m²。

2 文化石造型突出精致感

电视背景墙需要进行单独的设计与装修，如采用纹理粗糙的文化石镶嵌。从功能上看，文化石可以吸声，避免音响对其他居室的影响；从装饰效果上看，它烘托出电器产品金属的精致感，形成一种强烈的质感对比，十分富有现代感。旁边设置两个橱架摆放着主人心爱的艺术品，点缀其间，体现主人的高雅气质。

预算估价

文化石墙面造型的市场价格在 360~550 元 /m²。

3 玻璃材质前卫时尚

使用前卫时尚的设计元素营造客厅的"亮点"空间也是目前电视背景墙的流行趋势。例如玻璃或金属等材质，既美观大方，又防潮、防霉、耐热，还可擦洗，易于清洁和打理，而且，这类材质的选用多数结合室内家具共同塑造客厅的氛围。

预算估价

玻璃墙面造型的市场价格在 200~320 元 /m²。

4 亮丽色彩和几何造型

客厅墙面以亮丽的色彩和各种装饰线来充实点缀。客厅内家具摆放要简洁却不失单调。电视背景墙墙体的主色调可用橙色、天蓝色、紫色等亮丽色彩，用色可大胆、巧妙，也可用两种对比强烈的色彩搭配。

预算估价

石膏板几何造型的市场价格在165~ 195 元 /m²。

（四）客厅不同材料地面的预算差别

1 大理石地面拼花

一般是在客厅的正中心位置，拼花的面积与沙发摆放所占的面积大致相等。大理石拼花多呈圆形在地面展开，

预算估价

大理石地面拼花的人工费在 100~150 元 /m²。

配合圆形的吊顶达到客厅设计手法上的统一。大理石拼花地面具有通透的视觉感，可以提升客厅的装修档次。

2 斜贴仿古砖

美式乡村风格、田园风格及东南亚风格的客厅，可选择地面斜贴仿古砖的设计形式，使客厅与其设计的风格贴合得更紧密。仿古砖带来的凹凸质感与斜贴的纹理使地面充满了变化，增添了客厅地面的设计元素。

预算估价

斜贴仿古砖的人工费在 46~55 元 /m²。

3 凹凸纹理实木地板

具有明显的凹凸纹理的实木地板以深色居多，适用于现代风格与简约风格的客厅，搭配柔软的布艺沙发及墙面配饰，可提升客厅的时尚质感。

预算估价

凹凸纹理实木地板的市场价格在 260~450 元 /m²。

4 浅色调复合地板

复合地板具有多样化的纹理，适用于大多数的客厅风格。而客厅选择铺浅色调复合地板的原因是其具备良好的耐磨度，不用担心地板产生划痕，可以很好地保护人流量最多的客厅地面。

预算估价

浅色调复合地板的市场价格在 75~350 元 /m²。

5 拼花实木地板

拼花实木地板常搭配地面铺设地砖。在客厅的中心位置铺设 2m×2m 的拼花实木地板，而周围则正常地铺设地砖。

预算估价

拼花实木地板的市场价格在 500~1100 元 /m²。

 # 餐厅

（一）餐厅预算的省钱原则

1 选择造型简洁、小巧的餐桌椅

选择合适的家具也是节约餐厅预算的关键。尤其对于小户型来说，现在很多家具造型简洁、小巧、质量好、功能强，甚至可随意组合、折叠，这样的餐厅家具可放在居室的任何地方，不浪费空间，又不会产生拥挤感。

2 设计敞开的餐厅柜

餐厅柜可以不做门，这是餐厅装修节省成本的窍门之一。这样的柜子有展示功能，不妨把自己珍藏的红酒、餐具、瓷器等统统放进柜里，让它们成为餐厅最独特的装饰。

3 设计吊顶时配合灯具

独立的小餐厅一般难以形成良好的围合式就餐环境。想要解决这一问题其实不难，在小餐厅的顶棚做小型的方形吊顶以压低就餐空间，营造餐厅的围合式就餐气氛。

（二）餐厅不同造型顶面的预算差别

1 圆形吊顶

餐厅圆形吊顶尺寸的设计和规划要注意餐厅的高度，毕竟在不同的高度下，对于餐厅吊顶的大小也会有着不同的要求。为了达到美观的效果，高度和尺寸要达到一种和谐的程度。

 预算估价

圆形吊顶的市场价格在 125~145 元 /m²。

2 长方形吊顶

长方形吊顶是围绕餐厅吊顶的四周设计出的内凹式吊顶，通常在长方形吊顶的四周设计筒灯及射灯等辅助性光源，以增添餐厅的进餐氛围。在长方形吊顶的中间悬挂同样形状的吊顶可以使餐厅的设计效果更具整体性。

 预算估价

长方形吊顶的市场价格在 125～135 元 /m²。

3 半弧形吊顶

半弧形吊顶是配合餐桌椅一侧紧靠墙面时设计的顶面造型。将吊顶设计成一个紧靠墙面的半弧形造型，使弧形的一半显露在吊顶上，另一半隐藏在墙面里。这样可以给人以餐厅空间很大的错觉，适合设计在较小的餐厅空间。

 预算估价

半弧形吊顶的市场价格在 125～145 元 /m²。

4 正方形吊顶

吊顶方正的设计更适合比较方正的餐厅，一般这类餐厅的空间较大。设计正方形吊顶时，吊顶下面的餐桌可搭配长方形餐桌、正方形餐桌及圆形餐桌等，是比较好搭配餐桌的一种吊顶设计。

 预算估价

正方形吊顶的市场价格在 125～135 元 /m²。

5 雕花格吊顶

雕花格吊顶是在吊顶的中间设计合适尺寸的雕花格，在吊顶的内部设计暗藏灯带，使灯带照射出的灯光透过雕花格散发出来，营造出一种温馨的餐厅氛围。

 预算估价

雕花格吊顶不含雕花格的市场价格在 125~135 元 / m²；雕花格的市场价格在 350~550 元/m²。

（三）餐厅不同造型背景墙的预算差别

1 条纹黑镜背景墙

条纹黑镜的墙面造型一般设计在小型的餐厅。由于餐厅的面积不大，需要镜面设计拓展空间的视觉效果。在餐厅的主题墙设计黑镜搭配板材的造型，既有效地拓展了餐厅的视觉延伸感，又提升了餐厅的设计效果。

 预算估价

条纹黑镜的市场价格在 75~100 元 /m²。

2 大理石拼花背景墙

大理石具有鲜明的纹理，可以在餐厅的主题墙面设计满墙的大理石，或是采用大理石拼花的形式，组合成餐厅的墙面造型。由于大理石的市场价格较高，且具备良好的光泽度，因此常利用大理石拼花背景墙的设计展现餐厅的奢华气质。

 预算估价

拼花大理石的市场价格在 550~800 元 /m²。

3 壁纸配装饰画背景墙

这种设计方法是餐厅背景墙设计中，预算最为节省的。在餐厅主题墙的位置，先用石膏板构建出墙面的四框造型，然后在主题墙的中间粘贴壁纸。

 预算估价

墙面石膏板打底的人工及材料价格在 165~185 元 /m²。

4 红砖刷白漆背景墙

这种餐厅背景墙常设计在现代风格及简约风格的空间，利用红砖本身粗糙的质感，在表面喷涂白色乳胶漆，形成工业化的质感。设计成型的红砖背景墙极具时尚感，是一种常见的餐厅背景墙设计形式。

 预算估价

红砖墙面造型的市场价格在 180~210 元 /m²。

（四）餐厅不同材料地面的预算差别

1 抛光砖地面

抛光砖地面具有通透的光泽，铺设在地面上，可以像一面镜子一样反射出餐厅的自然光线。这类地砖具有良好的耐用度，不用担心餐桌椅的滑动会在地砖上留下划痕。因此，抛光砖是一种很适合铺设在餐厅的地面瓷砖，且一旦有食物掉落在地砖上，也很容易清洁，保持地面的光洁如新。

 预算估价

抛光砖的人工铺贴费在 26~35 元 /m^2。

2 拼花地砖

多设计在欧式、美式乡村等风格的餐厅。拼花地砖的形式有两种：一种是全地面拼花，拼花的样式不复杂，通常以一定的规律排列；另一种是局部地面拼花，在餐桌的正下方，拼花的面积略大于餐桌的面积，拼花的样式复杂多样，且极具美感，形成餐厅的视觉主题。两种不同的地面拼花都会为原本单调的餐厅带来丰富的视觉变化，增添餐厅空间的设计感。

 预算估价

拼花地砖的人工铺贴费在 46~55 元 /m^2。

3 深色调实木地板

一般餐厅需要良好的进餐氛围，空间的色彩不宜过度明亮，在地面铺设深色调实木地板就是个不错的选择。首先，深色调的实木地板可以很好地搭配实木餐桌，并且不会出现上重下轻的感觉；其次，深色调的实木地板可以将餐厅的整体色调降下来，使人们在进餐时将精力更多地集中到美食上面。实木地板同样具备良好的耐用度，清洁起来也十分容易。

 预算估价

实木地板的人工铺贴费在 55~70 元 /m^2。

卧室

（一）卧室预算的省钱原则

1 装修前合理规划

卧室装修要想做到经济合理，仔细规划是必不可少的。如何规划、哪些是装修重点、如何布置，装修之前都应该做到心里有数。完整、统一的设计，可以把不必要的支出降到最低；若没有设计或仅有简单设计，边做边改是很难做到经济合理的。

2 卧室装修要有重点

重点装修的地方，可选用高档材料、精细的做工，这样看起来会有较高的格调，其他部位的装修则可采取简洁、明快的办法，材料普通化，做工简单化。

3 注重功能性

卧室的功能性很重要，要求舒适，能让人平静地休息、睡眠。因此，在卧室的装修中，材料的选择非常重要，既要满足卧室的功能特性，又必须符合主人的审美需求。

（二）卧室不同造型顶面的预算差别

1 石膏线吊顶

石膏线吊顶就是在卧室设计好吊顶后，在吊顶的四周及吊顶产生的边角位置用发泡胶粘贴石膏线。石膏线的种类较多，有比较简单的直线条的石膏线，有欧式复杂花形的石膏线。根据不同的卧室风格选择适合的石膏线，可以使卧室的设计感更加强烈。

预算估价

石膏线的材料及人工安装费的合计价格在 15~35 元 /m。

② 实木线条吊顶

在卧室的顶面设计实木线条，主要是为了搭配卧室内的实木双人床、座椅与柜体等。这类的卧室一般是中式风格、新中式风格与东南亚风格。实木线条安装在吊顶上，也会保持实木的原色调，使实木线条从吊顶中凸显出来。

 预算估价

实木线条不含人工的市场价格在 10~18 元 /m。

③ 公主房式吊顶

公主房式吊顶是在床头位置的正上方，设计出一个半弧形的石膏板吊顶，并搭配弧形的石膏线，在半弧形的吊顶四周围上彩色的纱帘。半弧形石膏板吊顶的直径一般在 600~800cm，自然下垂的纱帘正好可将人包围在纱帘的内部。这种吊顶常用于欧式风格的卧室。

 预算估价

公主房式吊顶的人工价格在 125~145 元 /m²。

④ 尖拱形吊顶

可设计成尖拱形吊顶的卧室需要较高的层高，因为尖拱的样式会占有较多的吊顶面积。适合尖拱形吊顶的设计风格有欧式风、东南亚风及美式乡村风等，可根据具体的卧室风格选择尖拱形吊顶的样式，彰显出卧室的大气与奢华感。

 预算估价

尖拱形吊顶的人工价格在 130~155 元 /m²。

（三）卧室不同造型背景墙的预算差别

① 皮革软包床头墙

这是最常见的卧室床头墙设计，是在卧室的床头位置，从顶面到地面设计成方块状的皮革软包，呈斜拼的形式排列，这种设计样式适合欧式风格的家居；或者将皮革软包呈竖条纹排列，然后在皮革的纹理与颜色上寻求变化，这种设计样式适合现代风格的卧室。

 预算估价

根据皮革的不同材质，软包床头墙的市场价格在 400~500 元 /m²。

2 布艺硬包床头墙

布艺硬包床头墙不像软包床头墙一样具有柔软的触感，但硬包床头墙具有分明与整齐的棱角，展现出一种线条美。

预算估价

布艺硬包床头墙的市场价格在300~400元/m²。

3 石膏板造型床头墙

可依据卧室的风格设计出不同的石膏板造型，如欧式风格的床头墙可设计成典型的欧式弧度，然后内藏灯带，使床头墙具有温馨的感觉；现代风格的床头墙可设计成几何造型的样式，然后粘贴不同款式的壁纸以搭配床头墙的设计，使卧室具有多样的色彩变化。

预算估价

依据不同的石膏板造型难度，其市场价格在165~210元/m²。

4 实木雕花格床头墙

一般设计在中式及新中式风格的空间，根据床头墙的大小进行定制，或选择几块雕花格拼接。采用雕花格拼接的设计，可以为卧室营造出多扇木窗的感觉，增添卧室的中式韵味。

预算估价

定制实木雕花格市场价格在350~550元/m²。

5 不锈钢咖镜床头墙

咖镜搭配不锈钢的床头墙设计适用于较小面积的卧室。因咖镜具有反射的效果，可以从视觉上拓展卧室的面积。采用不锈钢包边的设计，可以很好地解决咖镜边角无法处理的问题。

预算估价

咖镜的市场价格在85~130元/m²。

（四）卧室不同材料地面的预算差别

1 亮面漆木地板

　　木地板表面的亮面木器漆，使木地板看起来具有通透的光泽，铺设在卧室的地面尤其彰显出空间的富贵气息。亮面漆木地板的色调有多种选择，搭配色彩明亮自然的卧室，可选择浅色调的水曲柳木地板；搭配颜色艳丽或沉稳的卧室，可选择深色调的木地板，如棕红色的木地板，使卧室拥有静谧的氛围。

 预算估价

亮面漆木地板的市场价格在 260~320 元 /m²。

2 竹木地板

　　竹木地板自然美观，纹理通直，刚劲流畅，通体透亮，质感细腻，为卧室平添了不少文雅韵味；而它极强的韧性和硬度，加之冬暖夏凉、防水防潮、护养简单的特点也迎合了卧室空间对于地板的特殊要求。竹木地板适合卧室的主要原因是，竹木地板非常适合地热采暖，在居室越来越多地采用地热采暖的情况下，竹木地板的优势越发明显。

 预算估价

竹木地板的市场价格在 130~190 元 /m²。

3 柔软质感地毯

　　具有丰厚手感、质地柔软的地毯是卧室最容易搭配的选择，不仅能消除地面的冰凉感，还让空间更富质感。尤其是简单的纯色地毯，最适合用于卧室的整体铺装，柔软的质地加入波点的变化，为冬天的居室融入浓浓的舒适暖意。

 预算估价

整铺地毯的市场价格在 50~500 元 /m²。

4 仿木纹陶瓷砖

　　卧室铺设仿木纹陶瓷砖的主要优点在于便于打理。木地板怕水，而仿木纹陶瓷砖可以很好地解决这个问题。首先，仿木纹陶瓷砖的木纹质感可以增添卧室的舒适感；其次，其长久耐用的特点与较低廉的造价，都使其成为铺设在卧室的不错的选择。

 预算估价

仿木纹陶瓷砖的市场价格在 85~240 元 /m²。

四 书房

（一）书房预算的省钱原则

1 确定使用模式

对于书房空间，计划怎样利用它，这是必须先厘清的问题。如果常常将公事带回家做，或者需要长时间在这里工作，那就需要较正式的书房形式；反之，则可以用与其他空间相融合的方式处理。若需要长时间地在书房中工作，或会见朋友等，则需要多支出些预算在墙顶面的设计上，以彰显主人的品位；若只作为自己休闲时间的读书空间，书房的设计则以简洁为主，涂刷乳胶漆或粘贴壁纸就可以，这样可以节省大量的预算支出。

2 了解储物需求

在书房的设计中，需要考虑到哪些东西会存放在这里，如一般规格的书、大开本的精装书、A4 尺寸的公文档案，或者一些不常用的家庭用品。这些东西的储藏方式都不同，要先加以统计，才能规划适当的空间收纳。提前设计好空间收纳的方式，可以避免后期出现重复施工现象，避免额外的预算支出。

（二）书房不同造型顶面的预算差别

1 轻钢龙骨石膏板吊顶

石膏板是以熟石膏为主要原料掺入添加剂与纤维制成，具有质轻、绝热、吸声、不燃和可锯性等性能。石膏板与轻钢龙骨（由镀锌薄钢压制而成）相结合，便构成轻钢龙

 预算估价

纸面石膏板的市场价格在 16~34 元 / 张。

骨石膏板。轻钢龙骨石膏板具有很多种类，包括纸面石膏板、装饰石膏板、纤维石膏板、空心石膏板条等。

2 夹板造型吊顶

夹板（又叫胶合板）为现时装修常用。它具有材质轻、强度高、良好的弹性和韧性、耐冲击和振动、易加工和涂饰、绝缘等优点。其受欢迎的原因在于其能轻易地创造出各种各样的造型天花，但有个怕白蚁的缺点。补救方法是喷洒防白蚁药水。

 预算估价

夹板（胶合板）的市场价格在40~75元/张。

3 铝蜂窝穿孔吸声板吊顶

铝蜂窝穿孔吸声板吊顶的构造结构为穿孔面板与穿孔背板，依靠优质胶黏剂与铝蜂窝芯直接粘接成铝蜂窝夹层结构，蜂窝芯与面板及背板间贴上一层吸声布。并且，它可以根据室内声学设计，进行不同的穿孔率设计，在一定的范围内控制组合结构的吸声系数，既达到设计效果，又能够合理控制造价。

 预算估价

铝蜂窝穿孔吸声板的市场价格在55~105元/m²。

（三）书房不同造型背景墙的预算差别

1 浅色调墙面造型

书房空间主要用于阅读与办公，因此采光对于书房来说是比较重要的。在设计书房的墙面造型时，不论材料如何选择、造型如何设计，其色调应一直保持浅色调的明亮色系，有利于保护眼睛，且明亮的书房也会增进人们阅读的愉悦性。

 预算估价

木工板墙面造型含材料及人工的市场价格在185~210元/m²。

2 少纹理的墙面壁纸

在选择书房的墙面壁纸时，应避免选择花纹繁复、色彩多变的壁纸，而是选择纹理较少的、色调温馨舒适的壁纸。这样可以使书房保持安静的氛围，不至于被眼花缭乱的墙面壁纸惹得人心绪不安。

预算估价

少纹理壁纸的市场价格在 65~135 元 /m²。

3 布满墙面的定制书柜

有些较小的书房摆放书柜会占用很大的面积，这时可以将书房的墙面拆除，然后将原有墙体的位置设计成书柜。这种墙面的设计手法，既节省了墙面的造型费用，又完成了书柜在空间内的合理布置，是一种较理想的设计方案。

预算估价

定制书柜的市场价格在 450~850 元 / 个。

4 墙裙配壁纸的墙面设计

木制的成品墙裙一般高度为 90~1100cm，依具体的书房层高而有不同。墙裙根据书房的风格或涂刷白色的木器漆，或保持木材原有纹理的清漆，然后在书房的墙面搭配相应风格的壁纸。

预算估价

定制墙裙的市场价格在 260~350 元 /m²。

（四）书房不同材料地面的预算差别

1 织布纹理复合地板

织布纹理复合地板一改以往木地板的实木纹理，而采用织布纹理，使地面看起来具有文艺气息，是一种比较适合铺设在书房的复合地板。织布纹理木地板的一个明显特

预算估价

织布纹理复合地板的市场价格在 265~320 元 /m²。

点是，其容易搭配空间的设计风格，不论书房是现代风格还是欧式风格，都可以很好地搭配。

2 做旧处理实木地板

做旧处理实木地板是在实木地板上进行一种特殊的工艺加工，使实木地板看起来有做旧的质感。这种实木地板铺设在书房，再搭配特定的设计风格，如美式乡村风格或现代风格，可为空间增色不少。

预算估价

做旧处理实木地板的市场价格在345~420元/m²。

3 深色皮纹砖

皮纹砖是一种特殊工艺的瓷砖，表面呈皮革纹理，在瓷砖的四周有凹凸质感的缝线痕迹，使人很难辨认这是一种瓷砖。将其铺设在书房的地面，可增添空间的设计元素，使书房看起来极具质感。

预算估价

皮纹砖的市场价格在45~180元/m²。

4 浅色亮面地砖

浅色亮面类地砖不突出瓷砖的复杂纹理，而主要是为书房提供明亮的色调。浅色的地砖颜色与高强度的反光效果，搭配空间内同样浅色调的家具，使整体空间更显明亮、通透。

预算估价

亮面地砖的市场价格在50~320元/m²。

5 棕色簇绒地毯

簇绒地毯可以满铺在书房的地面，使书房踩踏起来具有舒适的触感。而选择棕色的地毯色彩，可以轻松地为书房提供静谧的居室氛围，创造更舒适的阅读体验。

预算估价

簇绒地毯的市场价格在50~90元/m²。

五 厨房

（一）厨房预算的省钱原则

1 不要随意更改原有空间用途

　　家装设计最基本的原则就是切忌房间移位，尤其是厨房和卫生间等牵涉水电线路较多的空间。如果强行改变空间用途，不仅会增加水电工程的支出，而且很容易造成使用功能方面的问题。例如，排水管线移位时，只要施工稍不注意，在未来就很容易造成排水不畅，甚至漏水。

2 根据实际需要定做橱柜

　　现在厨房装修都选用整体橱柜，既方便，也比较美观。但是，整体橱柜动辄几千元甚至上万元的价格，是一笔不小的费用。业主可以估算一下自己的厨房用品，吊柜与地柜的数量满足日常需要就够用了，没有必要全部做满。

3 不要盲目相信销售人员

　　购买整体橱柜时，一些商家会说他们的橱柜采用了防潮板，价格自然也稍贵。其实，他们所谓的防潮板只是在普通中密度板上做了一些简单的防潮处理而已。事实上，对于橱柜来说，最重要的是做好台面的防水和接好水管，对防潮的要求并不高。

（二）厨房不同造型顶面的预算差别

1 带纹理铝扣板吊顶

　　带纹理类铝扣板的样式可选择性很多，如花纹样式、条纹样式、满天星样式等，都是最常见的厨房吊顶样式。铝扣

预算估价

带纹理铝扣板吊顶含材料及人工的市场价格在 110~135 元 /m²。

板具有良好的防水性能，很适合做厨房的顶面材料。

2 镜面铝扣板吊顶

镜面铝扣板不同于纹理铝扣板表面带有的磨砂纹理，其表面像银镜一样，具有良好的反射性，设计在小空间的厨房，可达到拓展视觉空间的效果。

 预算估价

镜面铝扣板的市场价格在 125~150 元 /m²。

3 木纹 PVC 扣板

PVC 扣板是最早用于厨房吊顶装修的材料，通常呈长条状，纹理样式多种多样。其中以木纹 PVC 扣板最具质感，装修在厨房容易搭配橱柜，形成统一的设计风格。

 预算估价

木纹 PVC 扣板的市场价格在 60~100 元 /m²。

4 防火石膏板吊顶

石膏板吊顶设计适合敞开式的厨房，使厨房的吊顶设计与餐厅、客厅的吊顶设计形成呼应。厨房对石膏板吊顶的主要要求是防火性能，防止厨房发生火灾的危险。

 预算估价

防火石膏板的市场价格在 35~50 元 / 张。

5 生态木吊顶

生态木吊顶设计在厨房，一般会以搭配防火石膏板的形式出现，就是在吊顶的周围设计石膏吊顶，然后在中间的位置设计生态木造型。这种厨房吊顶设计十分新颖，同时比较好搭配实木橱柜，使厨房的色彩不会过于单调。

 预算估价

生态木吊顶的市场价格在 40~80 元 /m²。

（三）厨房不同造型背景墙的预算差别

1 300mm×300mm 仿古墙砖斜贴

厨房墙面斜贴仿古砖一般有两种方式：第一种方式是在离地面900mm以下的墙面采用直贴的方式，以上的墙面采用斜贴的形式；第二种方式是厨房的全部墙面采用斜贴的方式。具体的墙面粘贴方式，可根据不同的仿古砖样式进行设计。

预算估价

300mm×300mm 仿古墙砖的市场价格在 140~180 元/m²；墙砖斜贴的人工费在 46~55 元/m²。

2 300mm×450mm 亮面瓷砖

亮面类瓷砖的粘贴方式受尺寸的限制，通常只会进行直贴的施工工艺。而亮面瓷砖是比较适合小空间厨房的，不论是瓷砖的色调还是反光度，都可拓展空间的视觉效果。

预算估价

300mm×450mm 亮面瓷砖的市场价格在 80~160 元/m²。

3 亮面不锈钢墙面

不锈钢墙面耐用耐磨，好清洁又防火，缺点是质感较冷调，被硬物碰到不容易修复，建议用在临近炉具的墙面，方便日后清理。不锈钢适合应用在装饰性的地方，避免留下难看的刮痕。因其具有导电性，安装时需注意管线配置及安全措施。

预算估价

不锈钢墙面的市场价格在 240~380 元/张。

4 强化玻璃墙面

玻璃材质适用于面积小或采光好的厨房，油烟附着时以清洁剂轻擦即可，材质以强化玻璃为主。玻璃适合应用在非主墙的墙面，其高透光及折射性质，能让室外光源穿透在空间内，营造自然明亮的感觉。此外，面积小的厨房使用穿透玻璃材质能扩大视觉空间。

预算估价

强化玻璃的市场价格在 80~160 元/m²。

（四）厨房不同材料地面的预算差别

1 600mm×600mm 玻化砖地面

适合空间较大的厨房，而且玻化砖质地坚硬，耐磨性强，具有明亮的光洁度。一般选择色调浅白的玻化砖，搭配同样纹理的墙面砖，橱柜则选择色调较深的实木材质或钢化玻璃，使厨房具有鲜明的时尚感。

 预算估价

600mm×600mm 玻化砖的市场价格在 140~230 元/m²。

2 仿古砖拼花地面

仿古砖一般选择 300mm×300mm 的尺寸，然后在仿古砖的四角处配有马赛克拼花，成一定规律地铺设在厨房地面。这种厨房地面适合搭配美式乡村风格、田园风格等空间。

 预算估价

仿古砖拼花的人工价格在 46~55 元/m²。

3 爵士白大理石地面

地面铺设大理石的厨房一般都是敞开式的，与餐厅的地面石材相呼应。厨房地面铺设爵士白大理石不仅拥有奢华的设计感，而且清洁起来十分方便，因为大理石地面的铺设不像瓷砖一样留有缝隙，故不容易积存灰尘。

 预算估价

爵士白大理石的市场价格在 260~380 元/m²。

4 柚木纹理木地板

木地板的铺设是由餐厅延伸至敞开式厨房的，使空间拥有整体的视觉感。柚木纹理的木地板有带凹凸质感的实木材质和高光泽度的实木复合地板两种，可根据具体要求进行选择。

 预算估价

柚木纹理木地板的市场价格在 290~380 元/m²。

卫生间

（一）卫生间预算的省钱原则

1 使用同款式的墙地砖

在面积不大的卫生间中，墙面和地面可以使用同款式的釉面砖，或者选择同款式不同色彩的釉面砖给界面做个分区，这样可以增加购买的面积，有利于砍价。

2 使用浴帘做干湿分离

小户型浴室空间狭小，做干湿分离时可以挂个性浴帘，只需不锈钢弯架和浴帘，成本相当低！

3 彩色水泥墙面

卫生间墙面先用水泥涂抹，然后直接抹混色粉，待凝固后，刷一层透明水泥清漆。此法的好处在于可以代替瓷砖，且防水性能佳。需要注意的是，此法需要辅以灯光。

（二）卫生间不同造型顶面的预算差别

1 磨砂铝扣板吊顶

铝扣板的表面具有粗糙的磨砂纹理，可降低卫生间反光度，有减少光污染的作用。磨砂铝扣板有多种的样式选择，可以是带花纹凹凸质感的，也可以是磨砂无纹理的，是卫生间吊顶比较理想的材料选择。

 预算估价

磨砂铝扣板吊顶含材料及人工的市场价格在 120~146 元 /m²。

② 欧式金黄铝扣板吊顶

不同于大多数的铝扣板是银色的金属色，欧式金黄铝扣板是以金黄色为铝扣板的主色调，然后配以欧式的花纹造型，使铝扣板吊顶具有欧式吊顶特有的奢华设计感。但这类吊顶只适合设计在欧式风格的空间，设计在其他风格的空间则会显得突兀。

 预算估价

欧式金黄铝扣板的市场价格在135~160元/m²。

③ 桑拿板吊顶

桑拿板具有易于安装、拥有天然木材的优良特性、纹理清晰、环保性好、不变形等优点，而且优质的进口桑拿板材经过防腐、防水处理后具有耐高温、易于清洗的优点，而且视觉上也打破了传统的吊顶视觉感，使卫生间的空间设计更具自然气息。

 预算估价

桑拿板吊顶的市场价格在90~120元/m²。

④ 花纹图案PVC扣板吊顶

花纹图案是最常见的PVC扣板样式，色彩上以乳白色为主，在花纹图案上进行变化，产生多样化的选择。PVC扣板设计在卫生间具有良好的防水性能，也便于顶面的维修。

 预算估价

花纹图案PVC扣板的市场价格在60~100元/m²。

⑤ 防水石膏板吊顶

顶面使用具有良好防水性能的石膏板设计吊顶造型，然后表面涂刷防水乳胶漆。这种卫生间的吊顶形式是最具设计感的，而且容易搭配整体居室的装修风格，一般使用在高档的家居设计中，如别墅或大平层的卫生间。

 预算估价

防水石膏板的市场价格在30~55元/张。

（三）卫生间不同墙面和地面材料预算差别

1 局部马赛克墙面

　　卫生间的局部马赛克墙面设计是在大面积上粘贴瓷砖，然后在马桶背后、淋浴房墙面粘贴样式精美的马赛克，装修出来的空间具有精致的设计感，使卫生间也具有丰富的设计元素。

预算估价

马赛克的市场价格在 90~430 元 /m²。

2 大理石墙面

　　在高档的装修中，适合在卫生间的全部墙面粘贴纹理自然连贯的大理石。从视觉上看，卫生间的墙面就像是由一整块石材组成的，设计感十足。大理石墙面在卫生间墙面的清洁上也存在优势，即经过无缝隙的工艺处理，水渍与灰尘都能被更好地清理。

预算估价

啡网纹大理石的市场价格在 280~650 元 /m²。

3 马赛克整铺地面

　　空间较小的卫生间，地面适合全部采用带有一定设计样式的马赛克造型。铺设过后的卫生间极具视觉冲击力，使其设计丝毫不逊色于客餐厅空间。但地面铺贴马赛克对施工工艺的水准要求较高，在铺贴前，需要选好施工队。

预算估价

符合地面铺贴要求的马赛克的市场价格在 160~430 元 /m²。

4 防滑地砖

　　卫生间需要经常用水，难免会在地面留下水渍，在上面行走容易滑倒，因此铺设防滑地砖是卫生间不错的选择。防滑地砖的尺寸、图案纹路有多种规格样式，可根据居室的设计风格进行选择。但防滑地砖也有较明显的缺点，即积落在凹陷处的灰尘不容易清洁。

预算估价

防滑地砖的市场价格在 95~165 元 /m²。

第四章
装修材料预算与市场估价

材料是造成预算价格差的一个重要元素，尤其是在顶面和墙面装饰都比较简约的风格中，不同的材料是拉开预算差距的主要因素。在市场中，即使是同一种材料，产地不同、加工方式不同等诸多因素，也会造成价格的差距。了解不同材料的价格，有利于更全面地掌控预算额度。当设计师建议的材料超出预算范围时，在掌握了材料价格的情况下，可以在符合风格特征的范围内更换价格更低的材料来节约资金。

水电类材料价格

水电材料是用于水电隐蔽工程铺设水路、连接电路的专用材料。水电涉及的材料多且庞杂，以给水管为例，其涉及的水管配件就多达十余种，有些用于给水管的90°直角连接，有些用于45°角连接，有些则用于给水管的直线连接等。因此，需要将水电材料细化分类，掌握核心材料，其余的材料配件也就较容易掌握。

水电材料

（一）给水管及配件市场价格

1 PP-R 给水管

住宅装修常用的给水管为 PP-R 材质，学名为无规共聚聚丙烯管，可以用作冷水管，也可以用作热水管。通常热水管的管壁上有红色的细线，冷水管的管壁上有蓝色的细线。PP-R 管具有耐腐蚀、强度高、内壁光滑不结垢等特点，使用寿命可达 50 年，是目前家装市场中使用最多的管材。

PP-R 给水管

市场价格	PP-R 给水管 4 分管（直径 20mm）市场价格通常为 5~10 元 /m PP-R 给水管 6 分管（直径 25mm）市场价格通常为 15~21 元 /m
材料说明	PP-R 给水管一根标准管长为 4m，根据管材直径大小不同分为 4 分管、6 分管等，管壁厚度有 2.3mm、2.8mm、3.5mm、4.4mm 等。通常管壁越厚，价格越高
用途说明	是用于住宅供水的专用管材，集中出现在厨房、卫生间、阳台等空间

2 PP-R 给水管直接

　　PP-R 给水管直接是指将两根 PP-R 给水管直线连接起来的配件，一般多用于直线长距离给水管的连接中。常见的种类包括直接接头、异径直接、过桥弯头、内丝直接、外丝直接等。

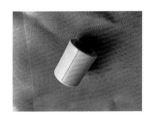

直接接头	异径直接	过桥弯头

内丝直接	外丝直接

市场价格	直接接头市场价格通常为 3~8 元 / 个 异径直接市场价格通常为 4~10 元 / 个 过桥弯头市场价格通常为 11~18 元 / 个 内丝直接市场价格通常为 31~38 元 / 个 外丝直接市场价格通常为 38~44 元 / 个
材料说明	直接接头有四分①直接、六分②直接、一寸③直接等 异径直接有六分变四分直接、一寸③变六分直接、一寸③变四分直接等 过桥弯头有四分过桥弯头、六分过桥弯头、一寸③过桥弯头等 内丝直接有四分内丝直接、六分内丝直接、一寸③内丝直接等 外丝直接有四分外丝直接、六分外丝直接、一寸③外丝直接等
用途说明	直接接头用于连接两根等径的 PP-R 给水管，如两根 4 分（直径为 20mm）管的连接 异径直接用于连接两根异径的 PP-R 给水管，如 4 分管和 6 分（直径为 25mm）管的连接 过桥弯头用于十字交叉处的两根等径 PP-R 给水管的连接 内丝直接和外丝直接用于给水管末端和阀门处的连接。内丝直接和外丝直接一端是塑料，另一端是金属带丝，塑料端和 PP-R 给水管热熔连接，丝扣端和金属件连接

3 PP-R 给水管弯头

PP-R 给水管弯头是指将两根 PP-R 给水管呈 90° 或 45° 角连接的配件，一般多用于给水管转角处，型号包括 90° 弯头、45° 弯头、活接内牙弯头、外丝弯头、内丝弯头和双联内丝弯头等多种配件。

90° 弯头

45° 弯头

活接内牙弯头

外丝弯头

内丝弯头

双联内丝弯头

---

① 四分指 4 英分，等于 1/2 英寸（in），1in=25.4mm。
② 六分指 6 英分，等于 3/4 英寸（in），1in=25.4mm。
③ 指英寸（1 英寸 =25.4mm）。

市场价格	90° 弯头市场价格通常为 5~13 元 / 个 45° 弯头市场价格通常为 4~12 元 / 个 活接内牙弯头市场价格通常为 19~28 元 / 个 外丝弯头市场价格通常为 39~45 元 / 个 内丝弯头市场价格通常为 32~39 元 / 个 双联内丝弯头市场价格通常为 64~70 元 / 个
材料说明	90° 弯头有四分 90° 弯头、六分 90° 弯头、一寸 90° 弯头等 45° 弯头有四分 45° 弯头、六分 45° 弯头、一寸 45° 弯头等 活接内牙弯头一般为四分活接内牙弯头 外丝弯头有四分外丝弯头、六分外丝弯头、一寸外丝弯头 内丝弯头有四分内丝弯头、六分内丝弯头、一寸内丝弯头 双联内丝弯头有四分双联内丝弯头、六分双联内丝弯头
用途说明	90° 弯头和 45° 弯头用于给水管转弯处的连接，采用热熔方式将两根 PP-R 给水管连接到一起 活接内牙弯头采用螺纹连接方式，相较于热熔连接的 90° 弯头和 45° 弯头，其具有便于拆卸和维修的优点 外丝弯头和内丝弯头是采用螺纹连接的方式将 PP-R 给水管末端和阀门连接到一起 双联内丝弯头用于淋浴处冷热水管的连接

4 PP-R 给水管三通

PP-R 给水管三通是指将三根 PP-R 给水管呈直

角连接在一起的配件，包括等径三通、异径三通、内丝三通和外丝三通等多种配件。

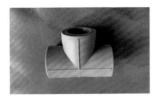

等径三通

异径三通

内丝三通

外丝三通

市场价格	等径三通市场价格通常为 9~13 元 / 个 异径三通市场价格通常为 15~23 元 / 个 外丝三通市场价格通常为 45~59 元 / 个 内丝三通市场价格通常为 38~44 元 / 个
材料说明	等径三通有四分等径三通、六分等径三通、一寸等径三通 异径三通有六分变四分异径三通、一寸变四分异径三通、一寸变六分异径三通 外丝三通有四分外丝三通、六分外丝三通、一寸外丝三通 内丝三通有四分内丝三通、六分内丝三通、一寸内丝三通
用途说明	等径三通用于三根直径相同的 PP-R 给水管的连接 异径三通用于两根直径相同、一根直径不同的 PP-R 给水管的连接 外丝三通和内丝三通用于 PP-R 给水管末端和阀门的连接，三通的两端为 PP-R 给水管，一端为阀门

5 阀门

阀门是用来开闭管路、控制流向、调节和控制输送水流的管路附件。阀门是水流输送系统中的控制部件，具有截止、调节、导流、防止逆流、稳压、分流或溢流泄压等功能。住宅装修中常见的阀门有冲洗阀、截止阀、三角阀以及球阀四种。

脚踏式冲洗阀

按键式冲洗阀

旋转式冲洗阀

截止阀

三角阀

球阀

市场价格	脚踏式冲洗阀市场价格通常为 55~70 元 / 个 旋转式冲洗阀市场价格通常为 33~52 元 / 个 按键式冲洗阀市场价格通常为 65~87 元 / 个 截止阀市场价格通常为 19~30 元 / 个 三角阀市场价格通常为 30~50 元 / 个 球阀市场价格通常为 14~25 元 / 个
材料说明	三种类型的冲洗阀均为金属材质 截止阀、三角阀和球阀均有纯金属材质、金属和塑料混合材质。一般来说，纯金属材质的阀门价格更高
用途说明	冲洗阀主要用于卫生间蹲便器、小便器的水流闭合控制 截止阀是一种利用装在阀杆下的阀盘与阀体凸缘部分（阀座）的配合，达到关闭、开启目的的阀门，分为直流式、角式、标准式，还可分为上螺纹阀杆截止阀和下螺纹阀杆截止阀 三角阀管道在三角阀处呈 90° 的拐角形状，三角阀起到转接内外出水口、调节水压的作用，还可作为控水开关 球阀用一个中心开孔的球体作阀芯，旋转球体控制阀的开启与关闭，来截断或接通管路中的介质，分为直通式、三通式及四通式等

（二）排水管及配件市场价格

① PVC 排水管

PVC 排水管的抗拉强度较高，有良好的抗老化性，使用年限可达 50 年。管道内壁的阻力系数很小，水流顺畅，不易堵塞。施工方面，管道、管件连接可采用粘接，施工方法简单，操作方便，安装工效高。

PVC 排水管

市场价格	PVC 排水管市场价格通常为 9~22 元 /m
材料说明	PVC 排水管每根标准长度为 4m，住宅装修排水常用到的型号有 50 管（直径 50mm）、75 管（直径 75mm）、110 管（直径 110mm）三种
用途说明	PVC 排水管是用于住宅装修中洗面盆、坐便器、洗菜槽等用水设备的排水管道

② PVC 排水管弯头

PVC 排水管弯头是指将两根 PVC 排水管呈 90° 或 45° 粘接在一起的配件，包括 90° 弯头、90° 带检查口弯头、45° 弯头和 45° 带检查口弯头等四种配件。

| 90° 弯头 | 90° 带检查口弯头 | 45° 弯头 | 45° 带检查口弯头 |

市场价格	90° 弯头市场价格通常为 4~10 元 / 个 90° 带检查口弯头市场价格通常为 7~12 元 / 个 45° 弯头市场价格通常为 3~9 元 / 个 45° 带检查口弯头市场价格通常为 6~14 元 / 个
材料说明	四种类型的 PVC 排水管常用型号有 50 弯头、75 弯头、110 弯头等三种
用途说明	90° 弯头和 45° 弯头用于地面 PVC 排水管的连接 90° 带检查口弯头和 45° 带检查口弯头用于墙面 PVC 排水管的连接，便于 PVC 排水管的维修

③ PVC 排水管三通

PVC 排水管三通是指将三根 PVC 排水管粘接到一起的配件，包括 90° 三通、45° 斜三通和瓶形三通等三种配件。

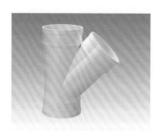

| 90° 三通 | 45° 斜三通 | 瓶形三通 |

市场价格	90°三通市场价格通常为 7~13 元 / 个 45°斜三通（包含异径 45°斜三通）市场价格通常为 7~15 元 / 个 瓶形三通市场价格通常为 13~29 元 / 个
材料说明	90°三通有 50 三通、75 三通、110 三通等型号 45°斜三通有等径斜三通、异径斜三通等型号 瓶形三通有 50 瓶形三通、75 瓶形三通等型号
用途说明	90°三通和 45°斜三通用于等径 PVC 排水管的连接 异径 45°斜三通和瓶形三通用于异径 PVC 排水管的连接。在实际使用过程中，45°斜三通的实用价值更高，可有效防止排水管发生堵塞等情况

4 PVC 存水弯

　　PVC 存水弯是在卫生器具排水管上或卫生器具内部设置一定高度的水柱，防止排水管道系统中的气体窜入室内的配件，起到防臭的作用。PVC 存水弯细分为 P 形存水弯、S 形存水弯和 U 形存水弯等三种，选择存水弯时尽量选择配有检查口的，便于日后维修。

P 形存水弯

S 形存水弯

U 形存水弯

市场价格	P 形存水弯市场价格通常为 10~22 元 / 个 S 形存水弯市场价格通常为 10~25 元 / 个 U 形存水弯市场价格通常为 9~20 元 / 个
材料说明	三种类型的存水弯均有 50 存水弯、75 存水弯、110 存水弯等三种型号。在具体细节上，三种存水弯均有带检查口和不带检查口的型号
用途说明	S 形存水弯用于与排水横管垂直连接的位置 P 形存水弯用于与排水横管或排水立管水平直角连接的位置 U 形存水弯用于两根排水管呈 45°夹角的位置

（三）电线及穿线管市场价格

1 电线

住宅常用电线主要为塑铜线，也就是塑料铜芯导线，全称为铜芯聚氯乙烯绝缘导线，简称为 BV 线。其中，字母 B 代表类别，属于布导线，所以开头用 B；V 代表绝缘，PVC 聚氯乙烯，也就是塑料，指外面的绝缘层。

BV 塑铜线

市场价格	BV 塑铜线市场价格通常为 2~12 元 /m
材料说明	BV 塑铜线每 100m 为一卷。住宅常用的塑铜线型号有 1.5mm²、2.5mm²、4mm²、6mm²、10mm²
用途说明	1.5mm² 塑铜线多用于灯具 2.5mm² 塑铜线多用于普通插座 4mm² 塑铜线多用于空调、热水器、厨房电器等大功率插座 6mm² 塑铜线主要用于中央空调等超大功率设备 10mm² 塑铜线主要用于住宅入户的电线

2 网线

网线是连接电脑、路由器、电视盒子等家用终端设备的专用线，一般由金属或玻璃制成，可以用来在网络内传递信息。常用的网线有三种，分别是双绞线、光纤和同轴电缆。

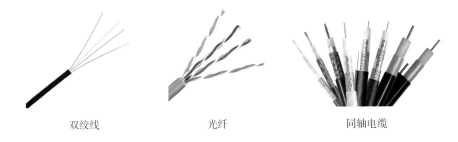

双绞线　　　　　　光纤　　　　　　　同轴电缆

市场价格	双绞线市场价格通常为 1 ~ 4.5 元/m 同轴电缆市场价格通常为 0.6 ~ 3.2 元/m 光纤市场价格通常为 1.5 ~ 8 元/m
材料说明	三种类型网线以光纤的传输效果最好，其次是双绞线，最后是同轴电缆。其中双绞线又分为 5 类网线、超 5 类网线、6 类网线、超 6 类网线、7 类网线等
用途说明	三种类型的网线均用于住宅装修中网络线路的连接

3 电视线

　　电视线是传输视频信号的电缆，同时也可作为监控系统的信号传输线。电视分辨率和画面清晰度与电视线有着较为密切的关系，电视线的线芯为纯铜还是铜包铝，以及外屏蔽层铜芯的绞数，都会对电视信号产生直接的影响。

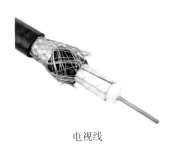

电视线

市场价格	电视线市场价格通常为 1.2 ~ 6.5 元/m
材料说明	标准电视线一卷的长度为 100m。电视线的最外层为外护套塑料，里面是屏蔽网、发泡层，中心是铜芯线
用途说明	电视线是住宅电视传输视频信号的专用线，可直接连接电视或电视盒子

4 电话线

电话线就是电话的进户线，连接到电话机上才能打电话，分为 2 芯和 4 芯。导体材料分为铜包钢线芯、铜包铝线芯以及全铜线芯三种。

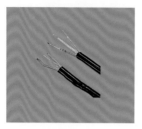
铜包钢线芯

铜包铝线芯

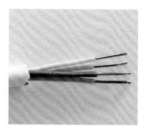
全铜线芯

市场价格	电话线市场价格通常为 0.8~4.2 元 /m
材料说明	铜包钢线芯比较硬，不适合用于外部扯线，容易断芯，但是可埋在墙里使用，且只能近距离使用 铜包铝线芯比较软，容易断芯，可以埋在墙里，也可以墙外扯线 全铜线芯比较软，可以埋在墙里，也可以墙外扯线，可以用于远距离传输
用途说明	电话线是用于住宅座机电话的专用线

5 穿线管

穿线管全称"建筑用绝缘电工套管"，通俗地讲，是一种穿导线用的硬质 PVC 胶管，可防腐蚀、防漏电。另外，穿线管另有一种作为辅助使用的螺纹管，具有柔软度高、防火、防漏电等特点。

穿线管

螺纹管

市场价格	穿线管市场价格通常为 1.2~2.8 元 /m 螺纹管市场价格通常为 0.5~1.4 元 /m
材料说明	穿线管为硬质 PVC 阻燃材质，每根穿线管标准长度为 4m 螺纹管为软质 PVC 阻燃材质，一卷螺纹管的标准长度为 50m
用途说明	穿线管和螺纹管均用于住宅电线的穿线。在一般情况下，大面积平坦位置使用穿线管，局部穿线管不便铺设的位置使用螺纹管

（四）防水材料市场价格

1 聚氨酯防水涂料

聚氨酯防水涂料是由异氰酸酯、聚醚等经加成聚合反应而成的含异氰酸酯基的预聚体，配以催化剂、无水助剂、无水填充剂、溶剂等，经混合等工序加工制成的单组分聚氨酯防水涂料。

聚氨酯防水涂料

市场价格	聚氨酯防水涂料每桶（涂刷面积 6~8m²）市场价格通常为 280~570 元
材料说明	聚氨酯涂料具有强度高、延伸率大、耐水性能好等特点，对基层变形的适应能力强。它与空气中的湿气接触后固化，在基层表面形成一层坚固坚韧的无接缝整体防水膜
用途说明	用于涂刷卫生间、厨房、阳台等墙地面的防水

2 聚合物水泥基防水涂料

聚合物水泥基防水涂料是由合成高分子聚合物乳液（如聚丙烯酸酯、聚乙酸乙烯酯、丁苯橡胶乳液）及各种添加剂优化组合而成的液料和配套的粉料（由特种水泥、级配砂组成）复合而成的双组分防水涂料，既有合成高分子聚合物材料弹性高的特点，又有无机材料耐久性好的特点。

聚合物水泥基防水涂料

市场价格	聚合物水泥基防水涂料每桶（涂刷面积 6~8m²）市场价格通常为 200~400 元
材料说明	水泥聚合物防水涂料是柔性防水涂料，即涂膜防水。所谓涂膜防水，也就是 JS- 复合防水涂料
用途说明	用于涂刷卫生间、厨房、阳台等墙地面的防水

3 K11 防水涂料

K11 防水涂料是由独特的、非常活跃的高分子聚合物粉剂及合成橡胶、合成苯烯酯等所组成的乳液共混体，加入基料以及适量化学助剂和填充料，经塑炼、混炼、压延等工序加工而成的高分子防水材料。

K11 防水涂料

市场价格	K11防水涂料每桶（涂刷面积6~8m²）市场价格通常为250~450元
材料说明	K11防水涂料可在潮湿基面上施工，即可直接粘贴瓷砖等后续工序；抗渗、抗压强度较高，具有负水面的防水功能；无毒、无害，可直接用于水池和鱼池；涂层具有抑制霉菌生长的作用，能防止潮气、盐分对饰面的污染
用途说明	用于涂刷卫生间、厨房、阳台等墙地面的防水

4 防水卷材

防水卷材是一种可卷曲的片状防水材料。它是将沥青类或高分子类防水材料浸渍在胎体上制作成的防水材料产品，以卷材形式提供，称为防水卷材。防水卷材有良好的耐水性、对温度变化的稳定性（高温下不流淌、不起泡、不淆动；低温下不脆裂），并且具有一定的机械强度、延伸性和抗断裂性，还有一定的柔韧性和抗老化性。

丙纶布防水卷材

市场价格	丙纶布防水卷材市场价格通常为8.5~16元/m²
材料说明	防水卷材具有施工方便、工期短、成形后无须养护、不受气温影响、环境污染小等特点。防水卷材空铺时能有效地克服基层应力，在基层发生较大裂缝时依然能保持防水层的整体性
用途说明	用于卫生间、厨房、阳台等墙地面的防水层

泥瓦类材料价格

泥瓦材料是用于泥瓦工砌墙、铺砖等施工过程中的基础性材料。其中主要的材料有水泥、河沙、红砖等。这类材料涉及的工程量较大，市场价格透明，但对于大多数业主来说，泥瓦材料的可选择性不大，因为水泥、河沙通常被小区物业承包，业主只能通过与物业合作的厂家购买。同时，泥瓦材料的市场价格浮动较大，可以根据自己对水泥、河沙市价和质量的了解，将泥瓦材料价格控制在合理的范围。

泥瓦材料

（一）水泥市场价格

水泥是粉状水硬性无机胶凝材料，加水搅拌后成浆体，能在空气或水中硬化，并能把砂、石等材料牢固地胶结在一起。水泥是住宅装修中必不可少的泥瓦类材料，可将地砖、墙砖、红砖等材料牢固地黏合在一起。

袋装水泥

市场价格	水泥每袋（50kg）市场价格通常为 150~350 元
材料说明	水泥为粉状材料，遇水后会迅速凝结，硬化后不但强度高，而且还能抵抗淡水或盐水的侵蚀
用途说明	是用于砌砖墙、铺地砖、贴墙砖的黏合材料

（二）沙子类材料市场价格

1 河沙

河沙是天然石在自然状态下经水的作用力长时间反复冲撞、摩擦产生的，其成分较为复杂，表面有一定光滑性，是杂质含量多的非金属矿石。河沙颗粒圆滑，比较洁净，来源广。河沙经烘干筛分后可广泛用于各种干粉砂浆，例如保温砂浆、粘接砂浆和抹面砂浆就是以水洗、烘干、分级河沙为主要骨料的。因此，河沙在建筑施工以及装修方面有着不可替代的作用。

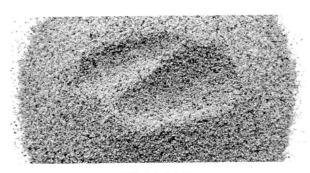

颗粒均匀的河沙

市场价格	河沙每立方米（1.3~1.6t）市场价格通常为 150~200 元 筛选好的河沙价格比普通河沙要高出 1/3 左右
材料说明	河沙的沙粒都是比较适中的，因此用在住宅装修施工中的效果比较好
用途说明	是用于砌砖墙、铺地砖、贴墙砖的黏合材料

2 海沙

海沙中常混有贝壳和盐分，大部分海沙含有过量氯离子，会腐蚀钢筋混凝土当中的钢筋，最终导致建筑结构被破坏，在一定程度上会缩短建筑物的安全使用寿命。但部分地区因海沙的价格较河沙便宜，所以常有商家以海沙充当河沙卖给业主的情况，需要引起注意。

细如粉末状的海沙

市场价格	海沙每立方米（1.3~1.6t）市场价格通常为100~180元
材料说明	从外形来看，河沙颜色较暗，海沙颜色较亮；海沙较细，有些甚至呈粉末状，而河沙较粗
用途说明	海沙含盐分比较多，而盐分对混凝土和钢筋都有腐蚀作用，因此不适合用在住宅装修中

（三）砖材类材料市场价格

1 红砖

红砖也叫黏土砖，表面呈红色，有时呈暗黑色。它是由黏土、页岩、煤矸石等为原料，经粉碎以及混合捏炼后以人工或机械压制成型，再由高温炼制而成。

优质红砖

市场价格	红砖市场价格通常为0.4~1元/块
材料说明	标准红砖尺寸为240mm×115mm×53mm
用途说明	用于住宅装修中的隔墙砌筑。根据红砖的尺寸，新砌墙分为12墙（120mm厚）、24墙（240mm厚）和单坯墙（60mm厚）三种类型

2 轻质砖

轻质砖也被称为发泡砖，是室内隔墙采用较多的砌墙砖。轻质砖可有效减小楼面负重，同时隔声效果也不错。

轻质砖砌筑的隔墙

市场价格	8cm厚轻质砖（尺寸600mm×300mm×80mm）市场价格通常为3~5元/块 10cm厚轻质砖（尺寸600mm×300mm×100mm）市场价格通常为4~7元/块 12cm厚轻质砖（尺寸600mm×300mm×120mm）市场价格通常为5~8元/块 20cm厚轻质砖（尺寸600mm×300mm×200mm）市场价格通常为8~13元/块
材料说明	住宅装修中常用轻质砖的标准尺寸为600mm×300mm×100mm。在施工方面，轻质砖具有良好的可加工性，施工方便简单，块大、质轻，可以减轻劳动强度，提高施工效率，缩短建设工期
用途说明	用于住宅装修中的隔墙砌筑

木作类材料价格

　　木作材料是施工过程中用于木工制作吊顶、柜体、墙面造型等的基础性材料，其中主要的材料有石膏板、细木工板、木龙骨、轻钢龙骨、铝扣板、PVC 扣板等。木作材料对于木工工种来说是核心的施工材料，无论是造型精美的吊顶、样式繁复的电视背景墙造型都需要石膏板、细木工板等来实现制作。对业主而言，木作材料的市场价格也是较为透明的。

木作材料

（一）板材类材料市场价格

1 石膏板

　　石膏板是以建筑石膏为主要原料制成的一种材料。它是一种重量轻、强度较高、厚度较薄、加工方便以及隔声绝热和防火等性能较好的建筑材料，在住宅装修的吊顶施工中有着不可替代的作用。

纸面石膏板

市场价格	纸面石膏板市场价格通常为 16~34 元 / 张
材料说明	石膏板可细分为纸面石膏板、无纸面石膏板、装饰石膏板、纤维石膏板等。其中，住宅装修中多用纸面石膏板
用途说明	用于住宅装修中客厅、餐厅、卧室、书房等空间的吊顶。不适合用在卫生间、厨房等空间，因为这两处空间水汽较大，石膏板长期经水汽浸泡，会发生脱皮、变形等现象

2 细木工板

细木工板是指在胶合板生产基础上，以木板条拼接或空心板作芯板，两面覆盖两层或多层胶合板，经胶压制成的一种特殊胶合板。细木工板的特点主要由芯板结构决定。

细木工板

市场价格	细木工板市场价格通常为 150~200 元 / 张
材料说明	住宅装修只能使用 E1 级以上的细木工板。如果产品是 E2 级的细木工板，即使是合格产品，其甲醛含量也可能超过 E1 级细木工板 3 倍多，因此不能用于住宅装修中
用途说明	用于住宅装修中的墙面造型、柜子、隔墙以及吊顶等处

3 密度板

密度板全称为密度纤维板，是以木质纤维或其他植物纤维为原料，经纤维制备、施加合成树脂，在加热加压条件下压制成的板材。

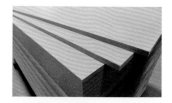

密度板

市场价格	密度板市场价格通常为 48~85 元 / 张
材料说明	密度板按其密度可分为高密度纤维板、中密度纤维板和低密度纤维板。密度板具有结构均匀、材质细密、性能稳定、耐冲击、易加工等特点
用途说明	用于住宅装修中的柜子、桌子、床等处

4 免漆生态板

免漆生态板是将带有不同颜色或纹理的纸放入生态板树脂胶黏剂中浸泡，然后干燥到一定固化程度，将其铺装在刨花板、防潮板、中密度纤维板、胶合板、细木工板或其他硬质纤维板表面，经热压而成的免漆装饰板。

免漆生态板

市场价格	免漆生态板市场价格通常为 150~185 元 / 张
材料说明	免漆生态板具有表面美观、施工方便、生态环保、耐划、耐磨等特点。免漆生态板由于不需要表面喷漆等二次工艺，因此被广泛地运用在板式家具制作中
用途说明	用于住宅装修中的衣柜、橱柜、书桌以及卫浴柜等处

5 饰面板

饰面板全称为装饰单板贴面胶合板，它是将实木精密刨切成厚度为 0.2mm 以上的薄木皮，以胶合板为基材，经过胶黏工艺制作而成的具有单面装饰作用的装饰板材。

饰面板

市场价格	饰面板市场价格通常为 45~70 元 / 张
材料说明	饰面板有人造薄木贴面与天然木质单板贴面的区别。前者基本为通直纹理，纹理图案较规则；而后者为天然木质花纹，纹理图案自然变异性较大，无规则
用途说明	是用于住宅装修中各类柜体表面的装饰板材

6 指接板

指接板由多块木板拼接而成，上下不再粘压夹板，由于竖向木板间采用锯齿状接口，类似两手手指交叉对接，使得木材的强度和外观质量获得增强改进，故称指接板。

指接板

市场价格	指接板市场价格通常为 130~210 元 / 张
材料说明	指接板分为有节与无节两种，有节的存在疤眼，无节的不存在疤眼，较为美观，表面不用再贴饰面板。另外，指接板分为明齿和暗齿，暗齿最好，因为明齿在上漆后较易出现不平现象。当然，暗齿的加工难度要大些。木质越硬的板越好，因为它的变形要小得多，且花纹也会更美观些
用途说明	用于住宅装修中的墙面造型、柜子、桌子等处

7 胶合板

胶合板是由木段旋切成单板或由木方刨切成薄木，再用胶黏剂胶合而成的三层或多层的板状材料，通常用奇数层单板，并使相邻层单板的纤维方向互相垂直胶合而成。

胶合板

市场价格	胶合板市场价格通常为 40~75 元 / 张
材料说明	胶合板与其他板材的尺寸一致，长宽规格为 1220mm×2440mm。胶合板的厚度规格一般有 3mm、5mm、9mm、12mm、15mm、18mm 等。主要树种有桦木、山樟、柳桉、杨木、桉木等
用途说明	用于住宅装修中的柜子、桌子等处

8 刨花板

刨花板也叫颗粒板，是将各种枝芽、小径木、速生木材、木屑等切削成一定规格的碎片，经干燥后拌以胶料、硬化剂、防水剂等，在一定的温度压力下压制成的一种人造板。

刨花板

市场价格	刨花板市场价格通常为 80~160 元 / 张
材料说明	刨花板按产品分为低密度、中密度、高密度三种，其规格较多，厚度从 1.6mm 到 75mm 不等，以 19mm 为标准厚度
用途说明	用于住宅装修中的墙面造型基层、橱柜内柜、楼梯踏脚板等处

9 实木板

实木板就是采用完整的木材（原木）制成的木板材。实木板板材坚固耐用、纹路自然，大都具有天然木材特有的芳香，具有较好的吸湿性和透气性，有益于人体健康，不易造成环境污染，是制作高档家具、住宅装修的优质板材。

实木板

市场价格	实木板（纯实木）市场价格通常为600~850元/张 实木板（拼接）市场价格通常为190~370元/张
材料说明	实木板分纯实木和拼接两种，纯实木是指板材由一整张实木制成，拼接是指板材由多块实木拼成
用途说明	用于住宅装修中的墙面造型、墙裙等处

（二）龙骨类材料市场价格

1 木龙骨

木龙骨俗称木方，是由松木、椴木、杉木等木材进行烘干刨光加工成截面为长方形或正方形的木条，是住宅装修中最为常用的骨架材料。

木龙骨

市场价格	木龙骨每根（3.8m长）市场价格通常为6~10元
材料说明	木龙骨是住宅装修中常用的一种材料，有多种型号，用于撑起外面的装饰板，起支架作用。天花吊顶的木龙骨一般以樟松、白松木龙骨较多
用途说明	用于住宅装修中的吊顶、隔墙等处

2 轻钢龙骨

轻钢龙骨是一种新型的建筑材料，具有重量轻、强度高、防水、防震、防尘、隔音、吸音、恒温等特点，同时便于施工，可缩短施工期。

轻钢龙骨

市场价格	轻钢龙骨市场价格通常为 2.4~5.5 元 /m
材料说明	轻钢龙骨每根长度不固定，住宅装修中一般选用 3m 一根的。它按断面形式分为 V 形、C 形、T 形、L 形、U 形龙骨
用途说明	用于住宅装修中的吊顶、隔墙等处

（三）石膏类材料市场价格

1 石膏线

石膏线是以建筑石膏为原材料制成的一种装饰线条，具有防火、防潮、保温、隔音等功能。石膏线根据模具及制作工艺，可制作出各种花型、造型的石膏线条，既可表现出欧式风格的繁复精美，又可呈现出简约与大气。

多种样式的石膏线

市场价格	石膏线市场价格通常为 2~7 元 /m
材料说明	每根石膏线的标准长度为 2.5m，宽度一般为 80~150mm。石膏线的价格受宽度、花型的影响较大，一般宽度越大、花型越复杂的石膏线，市场售价越高
用途说明	用于住宅装修中的吊顶、墙面造型等阴角处

2 实木线

实木线是指以整根实木为原材料，经过切割、雕花等工艺制作而成的装饰线条。一般在实木线条制作完成后，表面喷涂清漆或混油漆，具有高档、奢华的装修效果。

实木线

市场价格	实木线市场价格通常为 10~18 元/m
材料说明	实木线多采用高密度硬质木材为原料，因此具有较高的硬度、耐磨度，装饰在柜子或墙体表面，不易磕碰
用途说明	用于住宅装修中的吊顶、墙面造型等阴角处，以及柜体、桌子等边角处

3 石膏雕花

石膏雕花是以建筑石膏为原料制作成的具有固定形状的墙顶面装饰材料。其中常见的石膏雕花有圆形、椭圆形、直角形等多种形状，因其花型繁复精美，常被用来设计到欧式、美式等家居风格中。

多种样式的石膏雕花

市场价格	石膏雕花市场价格通常为 60~180 元/块
材料说明	石膏雕花花型多样，造型精美，可根据住宅实际情况进行定制，但一般定制的石膏雕花价格比普通的要高出 3 倍
用途说明	用于住宅装修中的吊顶、墙面造型等处

四 石材类材料价格

　　瓷砖和大理石等石材种类多样，花色繁多，可选择空间较大，其市场售价高低不等。瓷砖的原材料多由黏土、石英砂等混合而成，除了可模仿石材的纹理和质感外，还有很多创新的花样。好的地砖不仅打理方便，使用寿命也很长。大理石分为天然大理石和人造大理石，两者相比较，前者的石材纹理更自然，而后者的硬度更高，各有优缺点。在选购瓷砖和大理石时，考虑到材料的铺贴面积较大，所以应优先注重质量，再考虑价格，避免因材料损坏更换而产生额外的费用。

多种多样的瓷砖和石材

（一）瓷砖市场价格

1 通体砖

色彩多样的通体砖

通体砖是将岩石碎屑经过高压压制以后再烧制成的，吸水率比较低，耐磨性好。它的表面不上釉，正面与反面的材质和色泽是一样的。在各类瓷砖中，通体砖是性价比较高的一种瓷砖。

市场价格	通体砖市场价格通常为 35~90 元 /m²
材料说明	通体砖可选择的颜色较多，但花纹样式比较单一，几乎都是纵向规则的花纹。另外，通体砖易脏，清洁起来比较麻烦
用途说明	因其防滑性较好，适合用于卫生间、厨房、阳台等空间

2 抛光砖

抛光砖

抛光砖是在通体砖的基础上，在其胚体的表面重复打磨而形成的一种光亮度较高的瓷砖。相对于通体砖而言，抛光砖表面更加光洁。

市场价格	抛光砖市场价格通常为 45~260 元 /m²
材料说明	抛光砖坚硬耐磨，抗弯曲强度大。同时，抛光砖基本无色差，选择购买抛光砖，不用担心同一批瓷砖会产生色差问题，可安心铺贴使用
用途说明	适用于客厅、餐厅、过道等空间

3 玻化砖

玻化砖是由石英砂、泥按照一定比例烧制而成的，然后经过磨具打磨光亮，表面如玻璃镜面一样的光滑透亮，是所有瓷砖中最硬的一种。其在吸水率、平整度、几何尺寸、弯曲强度、耐酸碱性等方面都优于普通釉面砖、天然大理石。

玻化砖

市场价格	玻化砖市场价格通常为 50~320 元 /m²
材料说明	玻化砖的外表面经过特殊的工艺加工后能呈现出大理石一样的气质，色调柔和，表面光滑明亮。另外，玻化砖还能加工出天然的、自然生长而又变化各异的仿玉石纹理
用途说明	由于玻化砖经过打磨，毛气孔较大，易吸收灰尘和油烟，因此不适合用于卫生间和厨房

4 釉面砖

釉面砖是砖的表面经过施釉和高温高压烧制处理的瓷砖。这种瓷砖是由土坯和表面的釉面两个部分组成的，主体又分陶土和瓷土两种，陶土烧制出来的背面呈红色，瓷土烧制的背面呈灰白色。

釉面砖

市场价格	釉面砖市场价格通常为 50~400 元 /m²
材料说明	釉面砖表面可以做各种图案和花纹，比抛光砖色彩和图案丰富，因为表面是釉料，所以耐磨性不如抛光砖
用途说明	因其图案和花纹丰富，是适合用于卫生间和厨房的墙地砖

5 微晶石

微晶石又被称为微晶玻璃复合板材，是将一层 3~5mm 的微晶玻璃复合在陶瓷玻化石的表面，经二次烧结后完全融为一体的高科技产品。

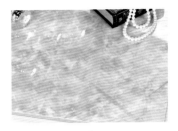

微晶石

市场价格	微晶石市场价格通常为 300~750 元 /m²
材料说明	微晶石质地细腻，光泽度好，拥有丰富的色彩，具有玉石般的质感。通过晶化，让石材表面光滑平整，远超出其他石材品类。由于属于微晶材质，对于光线能产生柔和的反射效果，另外生产中使用玻璃基质，因此微晶石表层具有晶莹剔透的效果
用途说明	微晶石质感高档，适合用于客厅、餐厅、过道等空间

6 仿古砖

仿古砖是釉面砖的一种，胚体为炻瓷质（吸水率 3% 左右）或炻质（吸水率 8% 左右）。可以说它是从彩釉砖演化而来的，是上釉的瓷质砖。与普通釉面砖相比，其差别主要表现在釉料的色彩上面。

仿古砖

市场价格	仿古砖市场价格通常为 75~550 元 /m²
材料说明	仿古砖所谓的仿古，指的是砖的效果，而非烧制工艺。仿古砖通过样式、颜色、图案，营造怀旧的质感，展现岁月的沧桑和历史的厚重感
用途说明	适合用于客厅、餐厅、过道、厨房、卫生间等空间

7 木纹砖

木纹砖是指表面具有天然木材纹理图案的陶瓷砖，分为釉面砖和劈开砖两种。釉面砖是通过丝网印刷工艺或贴陶瓷花纸的方法使产品表面获得木纹图案。劈开砖是采用两种或两种以上烧后呈不同颜色的坯料，用真空螺旋挤出机将其螺旋混合后，通过剖切出口形成的酷似木材的纹理贯通的整块产品。

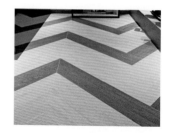

木纹砖

市场价格	木纹砖市场价格通常为 85~240 元 /m²
材料说明	木纹砖看上去和原木非常相似，耐磨且不怕潮湿。由于工艺的不断进步，木纹砖已可仿制橡木、柚木、花梨木、紫檀木、楠木、胡桃木、杉木等数十款顶级木种的纹理
用途说明	木纹砖适合用在卧室代替木地板作为地面铺贴材料

8 皮纹砖

皮纹砖是一种仿制动物原生态皮纹的瓷砖，它在视觉上改善了瓷砖带给人坚硬、冰冷的印象，给人以柔和、温馨的质感。由于皮纹砖的制作工艺成熟，对原材料要求不高，因此售价较为"亲民"。

皮纹砖

市场价格	皮纹砖市场价格通常为 45~180 元 /m²
材料说明	皮革制品的缝线、收口、磨边是皮纹砖的标志，皮纹砖不仅有着皮革的视觉质感，还有着类似皮革的凹凸肌理
用途说明	皮纹砖适合用在电视背景墙、床头背景墙等墙面造型中

9　马赛克瓷砖

马赛克瓷砖由数十块小瓷砖或小陶片组成，以其小巧玲珑、色彩斑斓的特点成为各类瓷砖中最具装饰效果的。由于马赛克的凹纹处不易打理，因此不适合铺贴在地面，或大面积地铺贴在墙面中。

马赛克瓷砖

市场价格	马赛克瓷砖市场价格通常为90~430元/m²
材料说明	马赛克瓷砖由小砖组成，可以做一些拼图，产生渐变的效果。这种独一无二的装饰效果是其他瓷砖所不具备的
用途说明	适合用于面积较小的空间，或作为墙面造型装饰砖

（二）天然大理石市场价格

1　黄色系天然大理石

黄色系天然大理石包括金线米黄、莎安娜米黄、洞石等。其中金线米黄原产地为埃及，莎安娜米黄原产地为伊朗，而洞石的原产地为罗马。

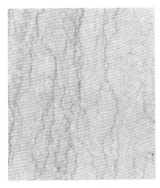

金线米黄

莎安娜米黄

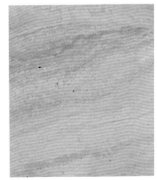

洞石

市场价格	金线米黄市场价格通常为 140~320 元 /m² 莎安娜米黄市场价格通常为 400~1100 元 /m² 洞石市场价格通常为 260~480 元 /m²
材料说明	金线米黄表面有类似金线的纹理，金线呈不规则线条延伸，质感高贵 莎安娜米黄表面具有类似玉石般的温润质感，色调柔和，给人以温暖舒适的感觉 洞石表面有许多小孔，给人以硬朗的质感
用途说明	适合用于电视背景墙、餐厅背景墙，以及飘窗窗台板等处

② 绿色系天然大理石

绿色系天然大理石包括大花绿、雨林绿等，其中大花绿产地有中国陕西省、意大利等，以陕西省为主产地；雨林绿的原产地为印度。

大花绿   雨林绿

市场价格	大花绿市场价格通常为 280~350 元 /m² 雨林绿市场价格通常为 560~1300 元 /m²
材料说明	大花绿组织细密、坚实、耐风化、色彩鲜明，石材表面图案像一朵朵飘散的花纹 雨林绿是经过大自然冲刷洗礼出的一种不可复制的纹理及色彩，视觉上带给人一种走进亚马孙雨林的感觉
用途说明	适合用于电视背景墙、餐厅背景墙、床头背景墙等处

3 白色系天然大理石

白色系天然大理石包括爵士白、雅士白、中花白等，其中爵士白和雅士白的原产地为希腊，中花白原产地为意大利。

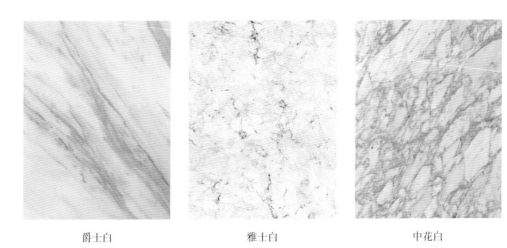

| 爵士白 | 雅士白 | 中花白 |

市场价格	爵士白市场价格通常为 260~380 元 /m^2 雅士白市场价格通常为 650~2000 元 /m^2 中花白市场价格通常为 500~980 元 /m^2
材料说明	爵士白颜色肃静，具有纯净的质感 雅士白是海底的石灰泥渐渐堆积、结晶而成的白云石，底色为乳白色，带有少许灰色纹理 中花白的灰色纹理细密，如网状。硬度高，耐磨性强
用途说明	适合用于电视背景墙、床头背景墙、楼梯踏步等处

4 黑色系天然大理石

黑色系天然大理石包括黑金沙、黑金花、黑白根等，其中黑金沙的原产地为印度，黑金花的原产地为意大利，黑白根的原产地为中国。

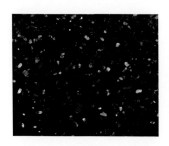

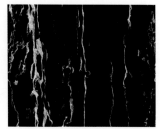

| 黑金沙 | 黑金花 | 黑白根 |

市场价格	黑金沙市场价格通常为 500~1000 元 /m² 黑金花市场价格通常为 400~850 元 /m² 黑白根市场价格通常为 240~600 元 /m²
材料说明	黑金沙的石材主体为黑色，内含金色沙点，在阳光照射下，庄重而剔透的黑亮中闪烁着黄金的璀璨，像夜空中的点点星光 黑金花有美丽的花纹和颜色，易于加工，且有较高的抗压强度 黑白根是带有白色筋络的黑色致密结构大理石
用途说明	适合用于电视背景墙、餐厅主题墙的局部，以及门槛石等处

5 灰色系天然大理石

灰色系天然大理石包括海螺灰、云多拉灰、波斯灰等，其中海螺灰原产地为意大利，云多拉灰原产地为土耳其和法国，波斯灰的原产地为中国云南。

| 海螺灰 | 云多拉灰 | 波斯灰 |

市场价格	海螺灰市场价格通常为 450~800 元/m² 云多拉灰市场价格通常为 290~450 元/m² 波斯灰市场价格通常为 180~360 元/m²
材料说明	海螺灰石材的纹理酷似一个个海螺堆叠在一起，具有精致的艺术美感 云多拉灰有高级灰的质感，纹理隐秘不张扬，即使大面积地铺贴，衔接处也不会出现明显断纹 波斯灰的放射性低，因此很适合住宅装修中使用，减少对身体造成辐射伤害
用途说明	适合用于电视背景墙、餐厅主题墙，以及楼梯踏步等处

6 棕色系天然大理石

棕色系天然大理石包括深啡网大理石、浅啡网大理石等，其中深啡网大理石原产地为西班牙，浅啡网大理石原产地为土耳其。

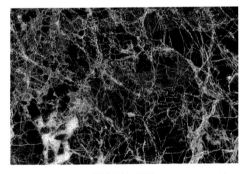

深啡网大理石

浅啡网大理石

市场价格	深啡网大理石市场价格通常为 340~650 元/m² 浅啡网大理石市场价格通常为 280~550 元/m²
材料说明	深啡网属于大理石中的特级品，纹理鲜明呈网状分散，质感极强，纹理深邃，立体层次感强 浅啡网有和深啡网一样的纹理质感，有少量的白花，广度好
用途说明	适合用于电视背景墙、餐厅主题墙、床头背景墙等处

（三）人造大理石市场价格

　　人造大理石是用天然大理石或花岗岩的碎石为填充料，用水泥、石膏和不饱和聚酯树脂为黏合剂，经搅拌成型、研磨和抛光后制成的一种石材。人造大理石按颗粒物质可分为极细颗粒、较细颗粒、适中颗粒以及天然物质人造石等四种。

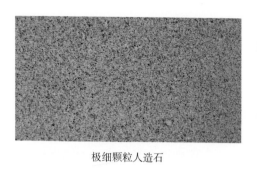
极细颗粒人造石

较细颗粒人造石

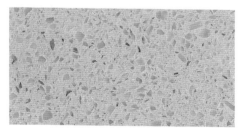
适中颗粒人造石

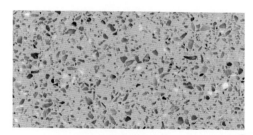
天然物质人造石

市场价格	极细颗粒人造石市场价格通常为 180~350 元 /m² 较细颗粒人造石市场价格通常为 150~270 元 /m² 适中颗粒人造石市场价格通常为 210~430 元 /m² 天然物质人造石市场价格通常为 240~650 元 /m²
材料说明	极细颗粒人造石和较细颗粒人造石相比较，前者颗粒的细密程度更高，整体呈现效果也更好 天然物质人造石相比较适中颗粒人造石，前者颗粒物质更丰富，含有石子、贝壳等天然物质
用途说明	适合用于橱柜台面、窗台板、门槛石等处

五 木地板价格

木地板质地柔软，具有冬暖夏凉的功效，是优质的地面铺贴材料。同时，木地板纹理丰富、种类多样，常见的木地板有实木地板、实木复合地板、多层复合地板、强化复合地板、竹木地板以及软木地板等。其中，实木地板以其原木材质、丰富的木种、多变的纹理，以及较高的质量成为各类木地板中的上等材料，其市场价格也是相对较高的；实木复合地板和强化复合地板以实用性著称，耐刮划、硬度高；竹木地板和软木地板在住宅装修中使用较少，一般多用在写字楼等商业空间。

多种多样的木地板

（一）实木地板市场价格

1 柚木地板

柚木是一种名贵的木材，有着"万木之王"的美誉，用柚木制作出来的木地板被公认为是最好的木地板，这主要是因为柚木是唯一可经历海水浸蚀和阳光暴晒却不会发生弯曲和开裂的木材。

柚木地板

市场价格	柚木地板市场价格通常为 600~1100 元 /m²
材料说明	柚木地板重量中等，不易变形，防水，耐腐蚀，稳定性好。柚木含有极重的油质，这种油质使之保持不变形，且带有一种特别的香味，能驱蛇、虫、鼠、蚁。柚木地板刨光面颜色通过氧化而成金黄色
用途说明	适合用于客厅、卧室、书房等空间

2 樱桃木地板

樱桃木是一种坚固、纹理细密、有光泽的褐色或红色木材。用樱桃木制作出来的木地板具有笔直、规则的纹理，而且有深红色的生长纹路。

樱桃木地板

市场价格	樱桃木地板市场价格通常为 350~650 元 /m²
材料说明	樱桃木地板色泽高雅，带有温暖的感觉，可装饰出高贵感。同时，樱桃木地板具有硬度低、强度中等、耐冲击、稳定性好、耐久性高等特点
用途说明	适合用于客厅、卧室、书房等空间

3 黑胡桃木地板

黑胡桃木是一种边材呈浅黄褐色至浅栗褐色，心材呈红褐色至栗褐色，有时带紫色的木材。用黑胡桃木制作的木地板具有深色的条纹，给人以沉稳、大气的装饰效果。

黑胡桃木地板

市场价格	黑胡桃木地板市场价格通常为 500~1100 元 /m²
材料说明	黑胡桃木地板呈浅栗褐色带紫色，色泽较暗，结构均匀，稳定性好，易加工，强度大，结构细腻，耐腐，耐磨，干缩率小
用途说明	适合用于客厅、卧室、书房等空间

4 桃花心木地板

桃花心木有着波纹涟漪的纹路，色彩凝重大气，是名贵的木材之一。用桃花心木制作的木地板整体呈浅红褐色，表面有美丽的光泽。

桃花心木地板

市场价格	桃花心木地板市场价格通常为 450~800 元 /m²
材料说明	桃花心木地板的木质坚硬，轻巧，结构坚固，易加工，色泽温润、大气，花纹绚丽、漂亮、变化丰富。另外，桃花心木地板还具有密度中等，稳定性高，干缩率小等特点
用途说明	适合用于客厅、卧室、书房等空间

5 相思木地板

相思木的木质纹理形似鸡翅，因此常用名为"鸡翅木"；又因其种子为红豆，所以也被称为相思木或红豆木。用相思木制作的木地板纹理充满变化、极富装饰性，有股淡淡的楠木香气，因此具有一定的驱虫效果。

相思木地板

市场价格	相思木地板市场价格通常为 550~1250 元 /m²
材料说明	相思木地板木材细腻、密度高，呈黑褐色或巧克力色，结构均匀，强度及抗冲击韧性好，耐腐蚀。地板纹理生长轮明显且自然，形成独特的自然纹理，高贵典雅
用途说明	适合用于客厅、卧室、书房等空间

6 圆盘豆木地板

圆盘豆木的心材呈金黄褐色至红褐色，纹理细密，木材硬度高，重量沉。用圆盘豆制作的木地板不易变形，有较高的强度，耐磨，防白蚁。

圆盘豆木地板

市场价格	圆盘豆木地板市场价格通常为 260~480 元 /m²
材料说明	圆盘豆木地板颜色较深，分量重，密度大，抗冲击能力强。在中档实木地板中，稳定性能较好，脚感较硬，不适合有老人或小孩的家庭使用
用途说明	适合用于客厅、卧室、书房等空间

（二）复合地板市场价格

1 实木复合地板

实木复合地板是由不同树种的板材交错层压而成，一定程度上克服了实木地板湿胀干缩的缺点，干缩湿胀率小，具有较好的尺寸稳定性，并保留了实木地板的自然木纹和舒适的脚感。

实木复合地板

市场价格	实木复合地板市场价格通常为 180~360 元 /m²
材料说明	实木复合地板兼具强化地板的稳定性与实木地板的美观性，而且具有环保优势
用途说明	适合用于客厅、卧室、书房等空间

② 多层复合地板

多层复合地板以多层胶合板为基材，表层为硬木片镶拼板或刨切单板，以胶水热压而成。基层胶合板的层数必须是单数，通常为七层或九层，表层为硬木表板，总厚度通常不超过 15mm。

多层复合地板

市场价格	多层复合地板市场价格通常为 150~350 元 /m^2
材料说明	多层复合地板具有良好的地热适应性能，可应用在地热采暖环境，解决了实木地板在地热采暖环境中变形的难题
用途说明	适合用于客厅、卧室、书房等空间

③ 强化复合地板

强化复合地板一般由四层材料复合组成，即耐磨层、装饰层、高密度基材层、平衡（防潮）层。强化复合地板也称浸渍纸层压木质地板、强化木地板，合格的强化复合地板是以一层或多层专用浸渍热固氨基树脂组成的。

强化复合地板

市场价格	强化复合地板市场价格通常为 75~190 元 /m^2
材料说明	强化复合地板表层为耐磨层，它由分布均匀的三氧化二铝构成，能达到很高的硬度，用尖锐的硬物如钥匙去刮，也只能留下很浅的痕迹。强化复合地板的耐污染、抗腐蚀、抗压、抗冲击性能均比其他种类木地板好
用途说明	适合用于客厅、卧室、书房等空间

（三）竹木地板市场价格

竹木地板是竹材与木材复合生产出来的地板，面板和底板采用的是上好的竹材，而其芯层多为杉木、樟木等木材。

竹木地板

市场价格	竹木地板市场价格通常为 130~190 元 /m²
材料说明	竹木地板外观自然清新，纹理细腻流畅，防潮、防湿、防蚀以及韧性强，有弹性。同时，其表面坚硬程度可以与木制地板中的常见材种如樱桃木、榉木等媲美
用途说明	适合用于客厅、卧室、书房、商业写字楼等空间

（四）软木地板市场价格

软木地板以栓皮栎橡树的树皮为原材料，因此具有极佳的脚感、隔声性与防潮效果。与实木地板相比，软木地板最大的特点是防滑，走在地板上人不易滑倒，增加了地板使用的安全性。

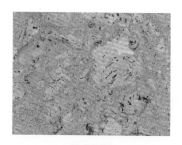

软木地板

市场价格	软木地板市场价格通常为 150~460 元 /m²
材料说明	软木地板是业内公认的静音地板，因为软木比较软，人走在软木地板上就像走在沙滩上一样非常安静。但软木地板也有缺陷，既不耐磨，清洁起来也比较麻烦
用途说明	适合用于客厅、卧室、书房、商业写字楼等空间

六 装饰漆类价格

（一）乳胶漆、硅藻泥等装饰漆价格

装饰漆是指涂刷在墙体表面、具有精美装饰效果的涂料，常见的包括乳胶漆、硅藻泥等。提到乳胶漆，可能首先考虑的便是乳胶漆的环保性，毕竟劣质的乳胶漆对人体会产生较大的危害。实际上，乳胶漆的环保性与具体品类存在关联，这时就需要对乳胶漆的品类、售价有一定的了解；同样地，硅藻泥因样式、造型的不同，也存在着多样性的选择，往往是花型越复杂、精致，市场价格越高。

色彩丰富的装饰漆

1 水溶性乳胶漆市场价格

水溶性乳胶漆主要是指以水为溶剂的乳胶漆，它是以合成树脂乳液为成膜物质，以水为溶剂，加入颜填料和助剂，经过一定工艺过程制成的涂料。也就是说，乳胶漆是合成树脂乳胶固体微粒在水中的分散体和颜填料颗粒在水中分散体的混合物。

水溶性乳胶漆

115

市场价格	水溶性乳胶漆市场价格通常为290~340元/桶
材料说明	水溶性内墙乳胶漆，以水作为分散介质，无有机溶剂性毒气体带来的环境污染问题，透气性好，避免了因涂膜内外温度压力差而导致的涂膜起泡的缺陷
用途说明	适合用于未干透的新墙面涂刷

2 通用型乳胶漆市场价格

通用型乳胶漆是目前市场份额占比最大的一种产品，最普通的为亚光乳胶漆，效果白而没有光泽，刷上确保墙体整洁，具备一定的耐刷洗性，具有良好的遮盖性。

通用型乳胶漆

市场价格	通用型乳胶漆市场价格通常为240~320元/桶
材料说明	典型的通用型乳胶漆是一种丝绸墙面漆，手感跟丝绸缎面一样光滑、细腻、舒适，侧墙可看出光泽度，正面看不太明显
用途说明	通用型乳胶漆对墙体要求比较苛刻，如若是旧墙翻新，底材稍有不平，灯光一打就会显示出光泽不一致，因此对施工要求比较高。施工时要求活做得非常细致，才能尽显其高雅、细腻、精致之效果

3 抗污乳胶漆市场价格

抗污乳胶漆并不是指乳胶漆沾染不上污渍，而是它的耐污性相较其他乳胶漆要好一些。例如，抗污乳胶漆表面的一些水溶性污渍，如水性笔、手印、铅笔等都能轻易擦掉，一些油渍也能蘸上清洁剂擦掉，但一些化学性物质如化学墨汁等，擦拭不能恢复原状。

抗污乳胶漆

市场价格	抗污乳胶漆市场价格通常为 300~450 元 / 桶
材料说明	抗污乳胶漆无污染、无毒、无火灾隐患，易于涂刷，干燥迅速，漆膜耐水、耐擦洗性好，色彩柔和
用途说明	适合用于儿童房、活动室等墙面易沾染污渍的空间

4 抗菌乳胶漆市场价格

抗菌乳胶漆的出现推动了建筑涂料向健康、环保的方向发展。目前理想的抗菌剂为无机抗菌剂，它有金属离子型无机抗菌剂和氧化物型抗菌剂之分，对常见微生物，如金黄色葡萄球菌、大肠杆菌、白色念珠菌及酵母菌、霉菌等具有杀灭和抑制作用。

抗菌乳胶漆

市场价格	抗菌乳胶漆市场价格通常为 380~600 元 / 桶
材料说明	抗菌功能是抗菌乳胶漆的主打功能，其次还具有涂层细腻丰满、耐水、耐霉、耐候性等特点
用途说明	适合用于对环保要求较高、水汽较大的空间

5 叔碳漆市场价格

叔碳漆是起源于欧洲的一款乳胶漆涂料，其基料是叔碳酸乙烯酯的共聚物。叔碳漆具有出色的漆膜性能，同时具有优异的耐受性能、装饰性能、施工性能、环保健康性能，不含甲醛，VOC（挥发性有机化合物）极低。

叔碳漆

市场价格	叔碳漆市场价格通常为 290~500 元 / 桶
材料说明	叔碳漆具有非常强的耐水性和抗碱性，漆膜细腻平滑坚韧，流平性和抗流性好，易于施工。同时因为叔碳漆可在无 VOC 的情况下成膜，从而具备了优异的环保健康性能
用途说明	适合用于对环保要求较高、水汽较大的空间

6 肌理硅藻泥市场价格

肌理硅藻泥是最常见的硅藻泥类型，表面呈现出具有质感的凹凸纹理，与乳胶漆相比，肌理硅藻泥更具立体感和装饰性，同时漆面耐刮划，不易脱落。

常见的肌理硅藻泥样式

市场价格	肌理硅藻泥市场价格通常为 45~60 元 /m^2
材料说明	肌理硅藻泥的表面纹理以细密、规整为主，整体呈现出精致的颗粒质感，单论颗粒样式，选择就多达十余种
用途说明	适合用于客厅、餐厅、卧室、书房等空间的墙面，代替传统的乳胶漆

7 印花硅藻泥市场价格

印花硅藻泥，顾名思义，就是指带有印花纹理样式的硅藻泥。与肌理硅藻泥相比，印花硅藻泥的施工难度上升了一个层级，但从装饰效果上来说，印花硅藻泥纹理更丰富，样式的可选择性也更多。

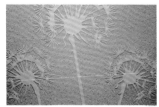

常见的印花硅藻泥样式

市场价格	印花硅藻泥市场价格通常为 85~160 元 /m²
材料说明	印花硅藻泥的印花纹理通常较大，如贝壳、树叶、鲜花等纹理，呈一定规律排列在墙面中，给人以整齐丰富的设计美感
用途说明	适合用于客厅、餐厅、卧室等空间的背景主题墙

8 艺术硅藻泥市场价格

艺术硅藻泥是指带有艺术造型纹理的硅藻泥，通常以整面墙为背景，制作一幅画、一处山水或一个场景等。它的装饰性强，具有整体感。

艺术硅藻泥

市场价格	艺术硅藻泥市场价格通常为 180~260 元 /m²
材料说明	艺术硅藻泥的样式通常由厂家提供，即厂家会提供近十种艺术纹理供业主选择
用途说明	适合用于客厅、餐厅、卧室等空间的背景主题墙

9 定制硅藻泥市场价格

定制硅藻泥是艺术硅藻泥的一种延伸。所谓定制，就是厂家可根据业主提供的样式进行设计和施工。一般来说，定制硅藻泥会增加施工的周期和难度，因为厂家需要提前制作模具，模具制作好之后才能进场施工。

定制硅藻泥

市场价格	定制硅藻泥市场价格通常为240~350元/m²
材料说明	定制硅藻泥的定制样式由业主提供，但基底则由厂家提供，一般多采用肌理硅藻泥作为定制硅藻泥的基底
用途说明	适合用于客厅、餐厅、卧室等空间的背景主题墙

（二）石膏粉、腻子粉等漆类辅材价格

漆类材料是用于室内墙面粉刷、木制家具粉刷等施工过程中的基础性材料。以墙面漆为例，在涂刷乳胶漆之前，需要对粗糙的墙体进行处理，经过涂刷墙固、石膏粉找平、腻子粉打磨等工序，才能正式涂刷乳胶漆。漆类材料的种类以及市场价格并不复杂，这主要源于材料的品牌并不杂乱，材料也较为明确的缘故。

漆类材料

1 墙固市场价格

墙固是一种墙面固化剂，属于绿色环保、高性能的界面处理材料。墙固具有优异的渗透性，能充分浸润墙体表面，使混凝土墙体密实，提高光滑界面的附着力。

桶装墙固

市场价格	墙固每桶（18kg）市场价格通常为125~170元
材料说明	墙固多为彩色，涂刷在墙体表面，可起到固化混凝土墙体硬度的作用。其较为明显的效果可减少墙面裂缝、脱皮等情况
用途说明	用于住宅装修中墙、地面的固化涂刷；在石膏粉、腻子粉之前涂刷

2 石膏粉市场价格

石膏粉是五大凝胶材料之一，通常为白色或无色，无色透明晶体称为透石膏，有时因含杂质而成灰色、浅黄色、浅褐色等。石膏粉因对墙体有良好的黏结作用而被广泛运用在室内装修中。

袋装石膏粉

市场价格	石膏粉每袋（20kg）市场价格通常为35~65元
材料说明	石膏粉的黏结性好，不易产生脱落现象，但并不适合直接涂刷在墙体表面，需要加入滑石粉，以增加施工的便捷性
用途说明	石膏粉一般用来做基层处理，例如填平缝隙、阴阳角调直、毛坯房墙面第一遍找平等

3 腻子粉市场价格

腻子粉分为内墙和外墙两种，住宅装修所使用的腻子粉属于内墙腻子粉。内墙腻子粉综合指数较好，健康环保，因此涂刷在室内不会造成环境污染。

袋装腻子粉

市场价格	腻子粉每袋（20kg）市场价格通常为15~45元
材料说明	腻子粉的主要成分是滑石粉和胶水，整体呈白色。通常质量较好的腻子粉白度在90以上，细度在330以上
用途说明	腻子粉是用来修补、找平墙面的一种核心材料，一般墙面越粗糙，腻子粉的附着力越高。在腻子粉施工处理完成后，即可在表面涂刷乳胶漆，或粘贴壁纸

4 清漆市场价格

清漆是一种由硝化棉、醇酸树脂、增塑剂及有机溶剂调制而成的透明漆，属挥发性油漆，具有干燥快、光泽柔和等特点。同时，清漆分为高光、半亚光和亚光三种，可根据需要选用。

清漆涂刷效果

市场价格	清漆市场价格通常为 38~98 元 /L
材料说明	清漆的成膜效果和流平性较好，如出现了漆泪，再刷一遍，漆泪就可以重新溶解。家具涂刷之后的光泽度很好
用途说明	用于木制柜体内部、原木色家具表面的涂刷

5 色漆市场价格

色漆的颜色多样，既可涂刷成蓝、白等纯色，也可涂刷成各类木纹样式，因此色漆的色彩和光泽具有独特的装饰性能。色漆与清漆相比，其附着力更强、硬度更大，因此具有耐久、耐磨、耐水、耐高温等优异性能。

色漆涂刷效果

市场价格	色漆市场价格通常为 46~100 元 /L
材料说明	色漆的主要功能是着色、遮盖与装饰，有多种颜色和纹理可供选择。另外，色漆具有浓厚的味道，家具涂刷后，需要开窗通风晾晒一段时间
用途说明	用于木制柜体的柜门、木制家具、地中海风格家具表面的涂刷

七　壁纸材料价格

　　壁纸属于裱糊类的装饰壁材，其花色众多、施工简单，具有极佳的装饰效果。常见的壁纸类型有纯纸壁纸、PVC壁纸、无纺布壁纸、木纤维壁纸、金属壁纸等。壁纸材料本身具有较高的环保性，若同时使用环保胶来粘贴就更安全。壁纸与乳胶漆、硅藻泥相比较，突出柔和、舒适的质感，且多种多样的花纹也使壁纸适应多种家居风格。在价格方面，壁纸几乎涵盖了高、中、低端，无论是追求性价比的群体，还是推崇高端壁纸的业主，都能找到自己想要的产品。

各种类型的壁纸

（一）壁纸市场价格

1 PVC壁纸

　　PVC壁纸是使用PVC高分子聚合物作为材料，通过印花、压花等工艺生产制造的壁纸，分为涂层壁纸和胶面壁纸两类，有较强的质感和较好的透气性，能够较好地抵御油脂和湿气的侵蚀。

PVC壁纸

市场价格	PVC 壁纸市场价格通常为 25~40 元 $/m^2$
材料说明	PVC 壁纸具有一定的防水性，表面污染后，可用干净的海绵或毛巾擦拭。其施工方便，耐久性强
用途说明	适合用于住宅中除了卫生间、厨房之外的其他空间

2 无纺布壁纸

无纺布壁纸也叫无纺纸壁纸，是高档壁纸的一种，业界称其为"会呼吸的壁纸"。主材为无纺布，又称不织布，由定向的或随机的纤维构成，拉力很强。

无纺布壁纸

市场价格	无纺布壁纸市场价格通常为 65~135 元 $/m^2$
材料说明	无纺布壁纸容易分解，无毒，无刺激性，可循环再利用。其色彩丰富，款式多样，透气性好，不发霉发黄，防潮，透气，柔韧，质轻，不助燃
用途说明	适合用于住宅中除了卫生间、厨房之外的其他空间

3 纯纸壁纸

纯纸壁纸是一种全部用纸浆制成的壁纸，消除了传统壁纸 PVC 的化学成分，具有透气性好、吸水吸潮、防紫外线等优点。在耐擦洗性能上比无纺布壁纸好，比较好打理。装饰效果自然，手感光滑，触感舒适。

纯纸壁纸

125

市场价格	纯纸壁纸市场价格通常为 55~160 元 /m^2
材料说明	纯纸壁纸打印面纸采用高分子水性吸墨涂层，用水性颜料墨水便可以直接打印，打印图案清晰细腻，色彩还原好，颜色生动亮丽，对颜色的表达更加饱满
用途说明	适合用于住宅中除了卫生间、厨房之外的其他空间

4 编织类壁纸

编织类壁纸以草、麻、木、竹、藤、纸绳等天然材料为主要原料，是由手工编织而成的高档壁纸。编织类壁纸的装饰效果出色，但不容易打理，表面容易积累灰尘。

编织类壁纸

市场价格	编织类壁纸市场价格通常为 70~180 元 /m^2
材料说明	编织类壁纸透气性能好，具有天然感和质朴感，适合人流较少的空间，不适合潮湿的环境，受潮后容易发霉
用途说明	适合用于住宅中除了卫生间、厨房之外的其他空间

5 木纤维壁纸

木纤维壁纸的主要原料是木浆聚酯合成的纸浆，绿色环保，透气性高，花色丰富，适用于各种家居风格中。另外，木纤维壁纸还具有卓越的抗拉伸、抗扯裂强度，是普通壁纸的 8~10 倍。

木纤维壁纸

市场价格	木纤维壁纸市场价格通常为 60~150 元 /m^2
材料说明	木纤维壁纸相较其他壁纸，其使用寿命较长，而且易清洗，即使表面有轻微的污渍，用抹布就能擦洗掉
用途说明	适合用于住宅中除了卫生间、厨房之外的其他空间

6 金属壁纸

金属壁纸是将金、银、铜、锡、铝等金属，经特殊处理后，制成薄片贴饰于壁纸表面制成的壁纸。金属壁纸质感强，空间感强，繁复典雅，高贵华丽。

金属壁纸

市场价格	金属壁纸市场价格通常为 30~95 元 /m²
材料说明	金属壁纸有两种类型，一种是全部金属面层的款式，比较华丽，构成的线条颇为粗犷奔放，适合适当地做点缀使用，能不露痕迹地带出一种炫目和前卫；另一种是局部使用金属的款式，多数为仅花纹部分使用金属层，相较来说较为低调一些，可以大面积地使用
用途说明	适合用于住宅装修的吊顶中，例如金箔壁纸和银箔壁纸

7 植绒壁纸

植绒壁纸是以无纺纸、玻纤布为底纸，绒毛为尼龙毛和黏胶毛制成的一种壁纸。植绒壁纸的立体感比其他任何壁纸都要出色，绒面带来的图案使表现效果非常独特。相较 PVC 壁纸来说，植绒壁纸不易打理，尤其是劣质的植绒壁纸，沾染污渍后很难清洗，所以需要特别注重质量。

植绒壁纸

市场价格	植绒壁纸市场价格通常为 85~200 元 /m²
材料说明	植绒壁纸有明显的丝绒质感和手感，质感清晰、细腻，不反光，无异味，不易褪色，具有良好的消音、耐磨特性
用途说明	适合用于住宅中除了卫生间、厨房之外的其他空间

（二）壁布市场价格

1 锦缎壁布

锦缎壁布是以锦缎为原材料制成的一种壁布。锦缎是中国传统丝织物，用锦缎制作的壁布，具有浓郁的中国风，适合用在中式、新中式等家居风格设计中。

锦缎壁布

市场价格	锦缎壁布市场价格通常为 160~250 元 /m²
材料说明	锦缎壁布花纹艳丽多彩，质感光滑细腻，吸音效果好，但不耐潮湿，不耐擦洗
用途说明	适合用于住宅中除了卫生间、厨房之外的其他空间

2 刺绣壁布

刺绣壁布是在无纺布底层上，用刺绣将图案呈现出来的一种墙布，具有艺术感，非常精美，装饰效果极佳，具有品质感和高档感。

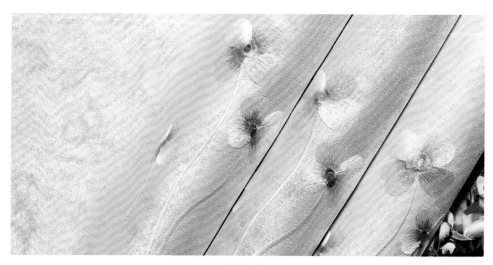

刺绣壁布

市场价格	刺绣壁布市场价格通常为 180~300 元 /m²
材料说明	刺绣壁布刺绣出来的图案立体感强，远观有着类似 3D 般的效果，给人一种独立于墙面而存在的视觉观感
用途说明	适合用于住宅中除了卫生间、厨房之外的其他空间

3 纯棉壁布

纯棉壁布是以纯棉布经过处理、印花、涂层而制作出来的一种壁布。这种壁布有着柔和舒适的触感，带给人温馨的感觉。

纯棉壁布

市场价格	纯棉壁布市场价格通常为 130~280 元 /m²
材料说明	纯棉壁布强度大，透气性好，但其表面容易起毛，不能擦洗，不适合潮气较大的环境
用途说明	适合用于住宅中除了卫生间、厨房之外的其他空间

4 玻璃纤维壁布

玻璃纤维壁布

玻璃纤维壁布采用天然石英材料精制而成，表面涂以耐磨树脂，集技术、美学和自然属性为一体。同时，天然的石英材料造就了玻璃纤维壁布环保、健康、超级抗裂的品质。

市场价格	玻璃纤维壁布市场价格通常为 145~250 元 /m²
材料说明	玻璃纤维壁布花色品种多，色彩鲜艳，不易褪色，防火性能好，耐潮性强，可擦洗
用途说明	适合用于住宅中除了卫生间、厨房之外的其他空间

八 玻璃材料价格

装饰玻璃主要包含各类镜面玻璃以及艺术玻璃，它们可以通过反射影像，模糊空间的虚实界限，扩大空间感。特别是光线不足、房间低矮或者梁柱较多无法拆除的户型，使用一些装饰玻璃，可以加强视觉的纵深，制造宽敞的效果；或增添艺术感，为家居空间提升品质感和细节美。玻璃面积越大，市场价格越高，施工越麻烦，所以可以采取小面积的方式来设计，安全性高，又可节约资金。

装饰玻璃

（一）镜面玻璃市场价格

1 银镜

银镜是指背面反射层为白银的玻璃镜子，例如穿衣镜、浴室镜等均为银镜。银镜的主要作用是通过镜面反射来照射衣着、面容，因此在住宅设计中以实用性为主，装饰性为辅。

银镜

市场价格	银镜市场价格通常为 35~60 元 /m²
材料说明	住宅装修中常用的银镜为 6mm 厚。银镜镜面光滑，反射效果好，但易碎
用途说明	银镜适合设计在卫浴间、入门门厅等处，作为穿衣镜使用。因为银镜对现实场景的反射效果好，适合设计在小面积空间，或狭窄逼仄的空间

2 黑镜

黑镜又叫黑色烤漆镜，整体呈深黑色，有模糊朦胧的反射效果，设计在墙面中，与白色墙面可形成鲜明对比，增加空间的进深感。

黑镜

市场价格	黑镜市场价格通常为 75~100 元 /m²
材料说明	住宅装修中常用的黑镜厚度为 3~10mm。其中，3mm 厚的黑镜通常设计在吊顶中，因其重量轻；6~10mm 厚的黑镜设计在墙面中
用途说明	黑镜常用来搭配白色雕花格设计在电视背景墙、餐厅主题墙等处，以黑白的对比色突出装饰效果

3 灰镜

灰镜是在灰色玻璃上镀一层银粉，然后再粉刷一层或数层高抗腐蚀性环保油漆，并经过一系列的美化和切割工艺，最终制作而成的一种装饰镜。

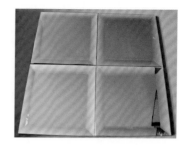

灰镜

市场价格	灰镜市场价格通常为 80~110 元 /m²
材料说明	灰镜有着冷冽、都市的设计美感，因此将其搭配金属收边框有着时尚、潮流的质感
用途说明	适合以局部造型的形式设计在现代、简约等风格的墙面中

4 茶镜

茶镜是使用茶晶或茶色玻璃制成的银镜，整体呈茶色、金色、黄色等暖色调。茶镜是在住宅装修中运用最为广泛的一种装饰镜，经常采用车边镜工艺，将其拼贴在背景墙中。

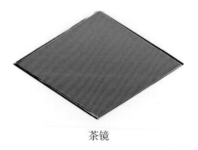

茶镜

市场价格	茶镜市场价格通常为 85~130 元 /m²
材料说明	茶镜制作成车边镜时，会将茶镜四周边框倒成斜角，一般为 30°~45°
用途说明	茶镜有着高贵、奢华的装饰感，常被用来设计在欧式、法式、美式等风格的住宅中

（二）艺术玻璃市场价格

1 彩绘玻璃

彩绘玻璃是用特殊颜料直接着墨于玻璃上，或者在玻璃上喷雕出各种图案再加上色彩制成的一种装饰玻璃。

彩绘玻璃

市场价格	彩绘玻璃市场价格通常为 280~320 元 /m²
材料说明	彩绘玻璃可逼真地对原画进行复制，画膜附着力强，可进行擦洗，将绘画、色彩、灯光融于一体，将大自然的生机与活力剪裁入室，图案丰富亮丽
用途说明	适合用在推拉门中，或室内装饰窗中

2 琉璃玻璃

琉璃玻璃是将玻璃烧熔，加入各种颜色，在模具中冷却成型制成的一种装饰玻璃。琉璃玻璃的色彩极为鲜艳和丰富，装饰效果优异，但面积都很小，价格昂贵。

琉璃玻璃

市场价格	琉璃玻璃市场价格通常为 500~900 元 /m²
材料说明	琉璃玻璃具有别具一格的造型、丰富亮丽的图案、变幻莫测的纹路，既可展现出古老的东方韵味，又可体现出西方的浪漫情怀
用途说明	适合背景墙中的局部造型设计

③ 雕刻玻璃

雕刻玻璃是采用化学药剂——蚀刻剂腐蚀玻璃雕刻出来的一种装饰玻璃。制作时，将待刻玻璃洗净晾干平置，于其上涂布用汽油融化的石蜡液作为保护层，于固化后的石蜡层上雕刻出所需要的文字或图案。

雕刻玻璃

市场价格	雕刻玻璃市场价格通常为 180~280 元 /m²
材料说明	雕刻玻璃可在玻璃上雕刻各种图案和文字，最深可以雕入玻璃的 1/2 处，立体感强，工艺精湛
用途说明	适合设计在推拉门、玻璃隔断墙中

④ 冰花玻璃

冰花玻璃是一种利用平板玻璃经特殊处理形成具有自然冰花纹理的装饰玻璃。冰花玻璃可用无色平板玻璃制造，也可用茶色、蓝色、绿色等彩色玻璃制造。

冰花玻璃

市场价格	冰花玻璃市场价格通常为 160~290 元 /m²
材料说明	冰花玻璃有着良好的透光性能，具有较好的装饰效果
用途说明	适合设计在推拉门、玻璃隔断墙中

5 压花玻璃

压花玻璃也称花纹玻璃，其玻璃上的花纹和图案漂亮精美，看上去像压制在玻璃表面，装饰效果较好。

压花玻璃

市场价格	压花玻璃市场价格通常为 145~230 元 /m²
材料说明	压花玻璃能阻挡一定的视线，同时又有良好的透光性。为避免尘土的污染，安装时要注意将印有花纹的一面朝向内侧
用途说明	适合设计在推拉门、玻璃隔断墙、门窗玻璃中

6 镶嵌玻璃

镶嵌玻璃可以将彩色图案的玻璃、雾面朦胧的玻璃、清晰剔透的玻璃任意组合，再用金属丝条加以分隔，合理地搭配"创意"，呈现出不同的美感，极具装饰性。

镶嵌玻璃

市场价格	镶嵌玻璃市场价格通常为 170~330 元 /m²
材料说明	由于镶嵌玻璃由多种玻璃组合而成，因此需要金属边框固定才能保证玻璃的稳固性
用途说明	主要运用在玻璃隔断门中

九 门窗材料价格

　　门和窗是室内空间的防护罩。门的使用频率很高，如果只考虑价格因素而购买了劣质门，使用时可能会面临变形、掉皮等诸多困扰，因此想在门上节约资金，不能只看价格，可以挑选造型比较简单但质量过硬的款式；居室窗子如果闭合不严，会有杂音，易受外界噪声困扰，且会有灰尘进入室内空间中，污染室内的环境。通常来说，新房的门窗是比较有质量保证的。如果是二手房，装修门窗部分的资金不宜节省。

各种类型的门

（一）套装门市场价格

1 实木门

实木门取原木为主材做门芯，经过烘干处理，然后再经过下料、抛光、开榫、打眼等工序加工而成。从施工工艺上看，实木门多采用指接木工艺。指接木是原木经锯切、指接后的木材，性能比原木要稳定得多，能切实保证门不变形。

常见的实木门样式

市场价格	实木门市场价格通常为 2800~5300 元 / 樘
材料说明	实木门选用的多是名贵木材，如胡桃木、柚木、红橡、水曲柳、沙比利等，经加工后的成品门具有不易变形、耐腐蚀、无裂纹及隔热保温等特点
用途说明	实木门质感高档，适合设计在中式、欧式等奢华、大气的空间中

2 原木门

原木门是指以整块天然木材为原料加工制作而成的木门，其主要特征是制作的门扇各个部件的材质都是同一树种且内外一致的全实木木门。因此，原木门对居室的价值就不仅仅体现在实用性上，其代表着独一无二的装饰性和尊贵感。

常见的原木门样式

市场价格	原木门市场价格通常为 3900~5000 元 / 樘
材料说明	原木门因选用树种的不同，能呈现出变化多端的木质纹理及色泽。原木门在材质选择上要兼顾不同木质对雕刻的要求，做到材质、颜色、风格、造型的完美结合。选择与居室装饰格调一致的原木门，将会令居室增色不少
用途说明	原木门不可复制的纹理和质感，使其适合设计在大空间中，例如别墅、大平层等住宅类型

3 实木复合门

实木复合门是指以木材、胶合板材等为主要原料，经复合制成的实型体或接近实型体，面层为木质单板贴面或其他覆面材料的门。也就是说，实木复合门的门芯多以松木、杉木或进口填充材料黏合而成，外贴实木密度板或实木木皮。

常见的实木复合门样式

市场价格	实木复合门市场价格通常为 1400~2100 元 / 樘
材料说明	住宅中使用的实木复合门，其门芯多为优质白松，表面则为实木单板。由于白松密度小、重量轻，且容易控制含水率，因而成品门的重量都很轻，也不易变形、开裂
用途说明	实木复合门是各类套装门中最具性价比的产品，而且门扇造型不受木材控制，因此适合各种户型、各种风格的住宅空间

4 模压门

模压门是以胶合材、木材为骨架材料，面层为人造板或 PVC 板等压制胶合或模压成型的中空门。与其他门类相比，模压门重量轻、造型丰富，但质量则远不如其他门类。

常见的模压门样式

市场价格	模压门市场价格通常为 750~1250 元 / 樘
材料说明	模压门分为一次成型模压门和二次成型模压门。其中一次成型模压门的制作工艺相对简单，能够节约生产成本，但成品质量较差；二次成型模压门有一个二次压花成型的生产过程，其质量更好，而且气泡现象要明显少于一次成型模压门
用途说明	模压门的售价低，质量一般，因此适合应用在出租房，或一些低成本、少预算的住宅中

（二）推拉门市场价格

1 推拉门

推拉门是指通过推或拉来开启或关闭的门。不同于传统的套装门，推拉门具有不占用空间面积、防潮、通透等特点，尤其对一些小面积空间来说，推拉门是最合适的一种隔断门。推拉门按照材质类型可分为四类，分别是铝合金推拉门、实木推拉门、塑钢推拉门和玻璃推拉门；若按照轨道类型，又可分为上滑轨推拉门和下滑轨推拉门两种。

铝合金推拉门

实木推拉门

塑钢推拉门

玻璃推拉门

上滑轨推拉门

下滑轨推拉门

市场价格	铝合金推拉门市场价格通常为 380~850 元 /m² 实木推拉门市场价格通常为 550~1000 元 /m² 塑钢推拉门市场价格通常为 260~580 元 /m² 玻璃推拉门市场价格通常为 180~320 元 /m² 上滑轨推拉门市场价格通常为 580~1400 元 /m² 下滑轨推拉门市场价格通常为 220~600 元 /m²
材料说明	铝合金推拉门和实木推拉门的差异体现在边框用材上，前者为重量轻、硬度高的铝合金材质，后者为纹理天然、质感高档的实木材质 塑钢推拉门的边框可仿制木纹理，呈现出实木推拉门的设计效果，但市场价格则要比实木推拉门便宜 玻璃推拉门特指淋浴房推拉门，这种推拉门通常为通透的钢化玻璃，上面安装金属边框和拉手 上滑轨推拉门是近几年开始流行的一种新型轨道推拉门，因为滑轨被安装在上面，可以保证地面的平整和延续性，而且也不用担心滑轨积灰、难清洁等问题 铝合金推拉门、实木推拉门、塑钢推拉门属于下滑轨推拉门，这种推拉门具有耐用、稳固等特点
用途说明	铝合金推拉门适合设计在现代、简约、北欧等风格，以及充满设计感的家居风格中；实木推拉门适合设计在中式、欧式、美式等偏古典的家居风格中 塑钢推拉门适合应用在阳台、厨房等空间；玻璃推拉门适合应用在卫生间内的淋浴房中 上滑轨推拉门适合应用于强调设计感的空间；下滑轨推拉门适合应用于任何需要安装推拉门的空间

2 折叠门

折叠门主要由门框、门扇、传动部件、转臂部件、传动杆、定向装置等组成。每樘门至少有两个门扇，常见的为四门扇折叠门，分为边门扇、中门扇各两扇。边门扇边框与中门扇之间由铰链连接。

常见的折叠门样式

市场价格	折叠门市场价格通常为 450~700 元 /m²
材料说明	折叠门有较好的保温性和密封性，可以隔冷隔热，隔绝油烟，防潮防火，降低噪声
用途说明	折叠门打开后可以一推到底，非常节省空间，因此适合应用在狭窄或狭长的空间中。另外，折叠门通常为上滑轨式推拉门，因此也适合应用在半敞开式的书房中

（三）室内窗市场价格

1 塑钢窗

塑钢窗是以 PVC 树脂为主要原料，加上一定比例的稳定剂、着色剂、填充剂、紫外线吸收剂等，经挤压制作而成的窗户。因此，塑钢窗具有良好的保温性，隔音效果佳，即使经过阳光长时间直射，也不会发生老化问题。

平开塑钢窗

推拉塑钢窗

下悬塑钢窗

市场价格	塑钢窗市场价格通常为 210~300 元 /m²
材料说明	塑钢窗的边框呈乳白色，中间为中空隔音玻璃，具有隔音、隔热等特点。塑钢窗按照开窗方式又分为平开窗、推拉窗、下悬窗等
用途说明	平开塑钢窗适合应用在卧室、书房等空间；推拉塑钢窗适合应用在客厅、阳台等空间；下悬塑钢窗适合应用在厨房、卫生间等空间

② 断桥铝窗

断桥铝窗是以铝合金为原料制作成的窗户，之所以不称其为铝合金窗，是因为铝合金是金属，导热比较快，所以当室内外温度相差很多时，铝合金就可以成为传递热量的一座"桥"，这样的材料做成门窗，它的隔热性能不佳。而断桥铝是将铝合金从中间断开，并采用硬塑将断开的铝合金连为一体，这样热量就不易通过整个材料散发出去，增强了窗户的隔热性能。

断桥铝窗

市场价格	断桥铝窗市场价格通常为 280~650 元 /m²
材料说明	断桥铝窗不像塑钢窗一样边框限定为乳白色，其既可制作成棕色的仿木纹材质，也能保留铝合金材质的金属质感。在装饰性上，断桥铝窗可以更好地和住宅设计风格融为一体
用途说明	断桥铝窗适合追求设计感、艺术感的住宅空间

全屋定制柜体价格

全屋定制柜体是家居设计中的新潮流，是全屋定制中的一个分支。所谓全屋定制，是指住宅内涉及的所有跟木制工艺有关的家具，都可采用定制方式制作而成。而全屋定制柜体显然是其中最为重要的一环，包括定制橱柜、定制衣柜、定制鞋柜、定制酒柜、定制浴室柜等。这类定制柜体除了橱柜按照延米计费之外，其余柜体的市场计价方式通常按照平方米数收费，以柜体的投影面积或展开面积为标准，乘以每平方米市价，得出定制柜体的总价格。

定制柜体

（一）橱柜市场价格

橱柜是指厨房中放置厨具以及烹饪操作的平台，由五个部件组成，分别是柜体、门板、五金件、台面以及电器。定制橱柜的报价中，包含柜体、门板、五金件和台面四个部件，不含电器。定制橱柜若按照门板材质分类，可分为实木橱柜、烤漆橱柜、模压板橱柜和亚克力橱柜四种。

实木橱柜

烤漆橱柜

模压板橱柜

亚克力橱柜

市场价格	实木橱柜市场价格通常为 1800~3000 元 / 延米 烤漆橱柜市场价格通常为 1350~2300 元 / 延米 模压板橱柜市场价格通常为 950~1400 元 / 延米 亚克力橱柜市场价格通常为 750~1000 元 / 延米
材料说明	实木橱柜的门板以及柜体均采用实木材质，是各类橱柜中用材质量最高的橱柜。实木橱柜具有纹理自然、坚固耐用、环保无污染等特点 烤漆橱柜的柜体采用实木颗粒板或胶合板，柜门采用烤漆玻璃，色彩丰富多样，涵盖了白、灰、蓝、红、绿、棕等多种颜色。烤漆玻璃又有磨砂和镜面两种选择 模压板橱柜是以中密度板为原材料的橱柜，因为中密度板具有较高的可塑性，门板可以制作多种造型，既可彰显时尚，又可还原复古。从外形上看，模压板橱柜和实木橱柜很相似，都为木制材料，但不同的是，模压板橱柜没有实木橱柜天然的木纹理和厚重感 亚克力橱柜的特点是色彩丰富，具有良好的通透质感，表面耐擦洗，门板平整简洁。与其他类型的橱柜相比，亚克力橱柜门板的硬度要略差一些
用途说明	实木橱柜具有古典、高贵的质感，适合设计在美式、欧式、中式、法式等古典设计风格中 烤漆橱柜具有时尚的现代质感，适合设计在现代、简约、北欧等设计风格中 模压板橱柜的造型多变，质感时尚，适合设计在简欧、田园等设计风格中 亚克力橱柜的造型简洁平整，适合设计在现代、简约等设计风格中

（二）衣柜市场价格

衣柜是收纳、存放衣物的柜体，通常以木制材料（实木、生态板、密度板、实木颗粒板）、不锈钢、钢化玻璃、五金配件为原材料，在内部制作出分隔挂衣杆、裤架、拉篮、隔层等功能区。衣柜的柜门有平开门和推拉门两种，平开门多为木制板材，而推拉门则多为玻璃、百叶等门板。为满足人们对衣柜的不同需求，市面上定制衣柜的样式更是多种多样。

常见的定制衣柜样式

市场价格	定制衣柜每平方米（投影面积）市场价格通常为600~1000元
材料说明	定制衣柜的柜体、门板材料可由业主自主选择，无论是纯实木板材，还是密度板等复合板材都可以选用。相比传统衣柜，业主拥有了更多的选择权。另外，定制衣柜可根据户型量身定制，不浪费空间面积。至于设计样式，定制衣柜有多达数十种选择，可适用各种设计风格
用途说明	定制衣柜具有普适性，各类户型、各种设计风格都可采用定制衣柜

定制衣帽间与定制衣柜的工程量计算方式相同，共有两种工程量计算方式，分别是按投影面积计算和按展开面积计算。所谓投影面积，是指不管衣柜内部设计如何，使用了多少材质或者设计了哪些功能区域以及多少个隔层，其价格只按照投在墙面上的阴影面积计算，然后根据测量所得的面积乘以每平方米的单价得出总价格；所谓展开面积，是指将衣柜的结构完全分拆，将衣柜尺寸面积以及板材、五金等相关配件的单价等全部分开计算，最后相加得出总价格。

常见的衣帽间样式

市场价格	衣帽间每平方米（展开面积）市场价格通常为280~860元
材料说明	衣帽间与定制衣柜一样有着多样化的材料选择，只是衣帽间通常不需要柜门。衣帽间通常围绕着墙体建立，有时也作为隔墙，将衣帽间和卧室分隔开
用途说明	衣帽间需要面积较大的独立空间，因此适合设计在卧室内部或附近的独立空间中

（三）鞋柜市场价格

鞋柜是用来放置鞋的柜体，通常设计在入门位置。随着人们对鞋柜功能性的要求越来越高，鞋柜也发展出了悬挂衣物的功能，以及放置钥匙、包包、帽子的平台。对于一些空间较大的入户门厅，还会在鞋柜中设计座椅功能，方便换鞋。

常见的鞋柜样式

市场价格	鞋柜每平方米（投影面积）市场价格通常为550~950元
材料说明	鞋柜有着多种多样的款式和材质，例如木制鞋柜、电子鞋柜、消毒鞋柜等，款式各异，功能多样
用途说明	鞋柜适合设计在入户门厅附近，用于更换和悬挂鞋、衣、帽、包等物品

（四）酒柜市场价格

酒柜是用来存放、展示酒的柜体，它以实木、密度板、复合板材等为原料，搭配五金配件制作而成。酒柜可以说是在各类定制柜体中制作工艺最为复杂的，在柜体内部设计有酒格、挂杯架等。

常见的酒柜样式

市场价格	酒柜每平方米（投影面积）市场价格通常为850~1200元
材料说明	一个功能齐全的酒柜由地柜、酒格、挂杯架、吊柜、隔层组成，酒柜既可摆放酒具，又可放置工艺品，增加酒柜的装饰性
用途说明	酒柜具有极佳的装饰性，适合设计在餐厅中，或嵌入墙体，或紧贴墙面

（五）电视柜市场价格

电视柜是用于陈列摆放电视机的一种长方形柜体。如今因电视机可悬挂在墙面上，电视柜开始从实用性柜体向装饰性柜体转变，这就要求电视柜具有美观、装饰、多功能等特点。定制电视柜不仅指放置在电视机下面的柜体，也包括悬挂在电视墙上的柜体，因为这类柜体是统一的，并以组合柜的形式出现。

常见的电视柜样式

市场价格	电视柜每平方米（展开面积）市场价格通常为230~450元
材料说明	电视柜多以实木颗粒板、密度板为原料，较少使用实木板。这是因为实木颗粒板、密度板可制作出各种造型，且性价比较高。若使用实木板，则会出现板材浪费的情况
用途说明	电视柜适合设计在悬挂有电视机的空间，如客厅、卧室等空间

（六）浴室柜市场价格

浴室柜是卫生间安置洗手池、放置物品的柜子，其台面通常为天然石材、人造石材，柜体为实木、密度板、防火板，柜门为模压板、玻璃、金属等材质。定制浴室柜，上述所涉及的材料均可由业主自己决定，包括设计样式、柜体内部结构等。当然，业主选用的材料越好，总价格也会越高。

常见的浴室柜样式

市场价格	浴室柜每平方米（展开面积）市场价格通常为 360~550 元
材料说明	浴室柜使用的材料应具有防潮、防水功能，并且在安装时，与地面均保持 200mm 以上的距离，以免浸水时，泡到浴室柜
用途说明	浴室柜主要应用在卫生间、淋浴间、阳台等处

（七）储物柜市场价格

储物柜是存放杂物、不常用物品的柜体，是住宅中必不可少的一类柜体。例如，吊柜、阳台柜等都属储物柜。储物柜和衣柜、鞋柜、酒柜等柜体的主要区别体现在柜体内部空间的划分上，储物柜的内部空间较大，分隔较少，深度较深，以便存放大件物品。

常见的储物柜样式

市场价格	储物柜每平方米（投影面积）市场价格通常为 450~850 元
材料说明	储物柜多以实木颗粒板为柜体材料，模压板为柜门材料，这样制作出来的储物柜具有较高的性价比，又可满足储物柜所需的实用性
用途说明	储物柜用于存放杂物，因此适合设计在阳台或室内独立的储物间中

十一 设备价格

　　地暖、中央空调和新风系统是住宅装修中的"新三大件"，属于重要的功能性主材。地暖为住宅空间提供热能，中央空调主要起着调节室温的作用，而新风系统则主要为室内更换新鲜空气。这三种设备的作用各不相同，各司其职。地暖主要安装在地面，而中央空调和新风系统安装在吊顶中。

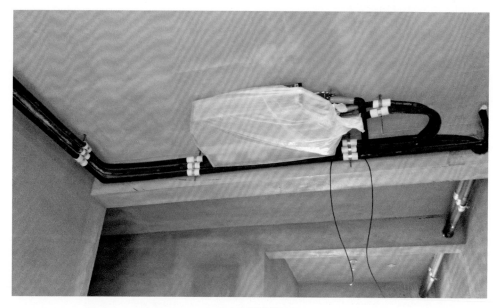

中央空调安装

（一）地暖市场价格

1 电地暖

　　电地暖是将外表允许工作温度上限65℃的发热电缆埋设在地板中，以发热电缆为热源加热地板或瓷砖，以温控器控制室温或地面温度，实现地面辐射供暖的供暖方式，有舒适、节能、环保、灵活、不需要维护等优点。

电地暖

市场价格	电地暖市场价格通常为 140~320 元 /㎡
材料说明	电地暖以发热电缆为发热体，铺设在各种地板，如瓷砖、大理石等地面材料下，再配上智能温控器系统，使其形成舒适环保、高效节能、不需要维护、各房间独立使用、寿命长、隐蔽式的地面供暖系统
用途说明	铺设在地面用于室内供暖

2 水地暖

水地暖是以温度不高于 60℃的热水为热媒，在埋置于地面以下填充层中的加热管内循环流动，加热整个地板，通过地面以辐射和对流的热传递方式向室内供热的一种供暖方式。

水地暖

市场价格	水地暖市场价格通常为 80~160 元 /m²
材料说明	水地暖通常由热源设备、采暖主管道、分集水器、温控系统、地面结构层等组成。其中地面结构层又分为保温板（挤塑板或苯板）、反射膜、地暖卡钉、钢丝网、边界保温条、不锈钢软管、球阀、弯头、直接等辅助材料
用途说明	铺设在地面用于室内供暖

（二）中央空调市场价格

中央空调是室内空气温度的调节系统，由一个或多个冷热源系统和多个空气调节系统组成。中央空调采用液体气化制冷的原理为空气调节系统提供所需冷量，用以抵消室内环境的热负荷；制热系统为空气调节系统提供所需热量，用以抵消室内环境冷暖负荷。冷热源系统中，制冷系统是中央空调系统至关重要的部分，其采用种类、运行方式、结构形式等直接影响了中央空调系统在运行中的经济性、高效性、合理性。

中央空调

市场价格	中央空调市场价格通常为 350~600 元 /m²
材料说明	中央空调由压缩机、冷凝器、节流装置以及蒸发器等部件组成。室内中央空调通常用一个外机连接多个内机，也就是俗称的"一拖三""一拖四"。一般外机拖带的内机越多，市场价格越高
用途说明	安装在吊顶中用于室内温度和空气的调节

（三）新风系统市场价格

新风系统是由送风系统和排风系统组成的一套独立空气处理系统，它分为管道式新风系统和无管道新风系统两种。管道式新风系统由新风机和管道配件组成，通过新风机净化室外空气导入室内，通过管道将室内空气排出；无管道新风系统由新风机组成，同样由新风机净化室外空气导入室内。相对来说，管道式新风系统更适合工业或者大面积办公区使用，而无管道新风系统因为安装方便，更适合家庭使用。

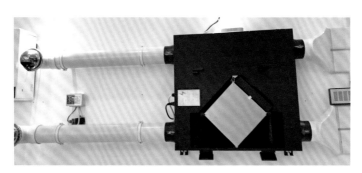

新风系统

市场价格	管道式新风系统市场价格通常为 150~280 元 /m²
材料说明	新风系统分为单向流新风系统、双向流新风系统、双向全热交换新风系统三种。其中，双向流新风系统和双向全热交换新风系统是对单向流新风系统的补充，在功能上更完善，送排风效果更好
用途说明	管道式新风系统安装在吊顶中，无管道新风系统安装于外墙或外窗玻璃上，用于室内温度和空气的调节

灯具类价格

筒灯、灯带等是用于室内吊顶中的辅助照明灯具，通常嵌在吊顶内部，不显露光源的位置；开关插座是用于控制灯具明暗的工具，通常安装在墙面距地1.2~1.25m的位置。灯具材料的价格高低主要受照明质量和品牌的影响，但并不意味着品牌越大，筒灯质量越好，不同的品牌擅长的灯具种类不同。例如，一些生产吊灯、吸顶灯等装饰灯具的厂家，生产的筒灯、射灯、灯带的质量并不一定优良。

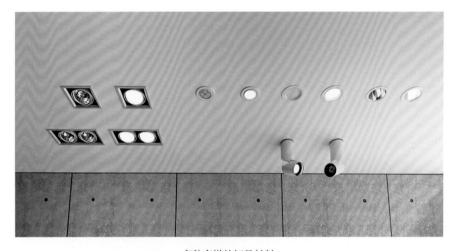

多种多样的灯具材料

（一）灯具类材料市场价格

1 筒灯

筒灯是一种嵌入到天花板内光线下射式的照明灯具，这种嵌装于天花板内部的隐置性灯具，所有光线都向下投射，属于直接配光，可以用不同的反射器、镜片、百叶窗、灯泡来取得不同的光线效果。

筒灯

市场价格	筒灯市场价格通常为6~45元/个
材料说明	筒灯不占据空间，可增加空间的柔和气氛。如果想营造温馨的感觉，可试着装设多盏筒灯，减轻空间的压迫感
用途说明	用于住宅客厅、餐厅、卧室、书房、卫生间、厨房等空间的照明

2 射灯

射灯是典型的无主灯、无定规模的现代流派照明，能营造室内照明气氛，若将一排小射灯组合起来，光线能变幻出奇妙的图案。由于小射灯可自由变换角度，因此组合照明的效果也千变万化。射灯光线柔和，雍容华贵，也可用于局部采光，烘托气氛。

射灯

市场价格	射灯市场价格通常为12~75元/个
材料说明	射灯可安装在吊顶四周或家具上部、墙内、墙裙或踢脚线里。光线直接照射在需要强调的家具器物上，有突出主观审美的作用，达到重点突出、环境独特、层次丰富、气氛浓郁、缤纷多彩的艺术效果
用途说明	用于住宅客厅、餐厅、卧室、书房、卫生间、厨房等空间的照明

3 灯带

灯带是一种以柔性LED灯条制作而成的条状照明灯具，通常嵌入在吊顶的边角凹槽内。由于灯带的照明效果微弱，灯光渲染氛围出色，因此不能像筒灯一样充当照明光源使用，其更适合作为氛围光源，设计在各处不同空间中。

灯带

市场价格	灯带市场价格通常为 6~25 元 /m
材料说明	灯带使用的 FPC 材质柔软，可以任意弯曲、折叠、卷绕，可在三维空间随意移动及伸缩而不易折断；其适合于不规则的吊顶和空间狭小的吊顶，也因其可以任意地弯曲和卷绕，适合用在墙面造型中，任意组合各种图案
用途说明	用于住宅客厅、餐厅、卧室、书房、卫生间、厨房等空间的照明

4 轨道灯

轨道灯是指安装在一个类似轨道上的灯，可以任意调节照射角度，也可以随意调节轨道灯之间的距离。轨道灯上安装的灯具一般为射灯，因为射灯的照明集中度高，且有精致的光斑，可以照射在需要重点照明的地方。

轨道灯

市场价格	轨道灯每米（含 3~6 个射灯）市场价格通常为 80~150 元
材料说明	轨道灯的轨道内部含有电压输入，在轨道内部的两侧含有导电金属条，而轨道灯的接头处有可旋转的导电铜片。在安装时，轨道灯上面的导电铜片接触到轨道内部的导电金属条，就可实现轨道灯通电，即可点亮轨道灯
用途说明	用于住宅客厅、餐厅，以及商场、会所等空间的照明

5 斗胆灯

斗胆灯也就是格栅射灯，之所以被人们称为"斗胆"，是因为灯具内胆使用的光源外形类似"斗"状。斗胆灯的照明效果优秀，在现代、简约等风格的家居中常会代替吊灯、吸顶灯作为客厅、餐厅的主照明光源。

斗胆灯

市场价格	斗胆灯（含 2~3 个射灯）市场价格通常为 90~180 元 / 个
材料说明	斗胆灯面板采用优质铝合金型材，经喷涂处理，呈闪光银色，防锈、防腐蚀
用途说明	用于住宅客厅、餐厅、卧室、书房、卫生间、厨房等空间的照明

（二）开关插座市场价格

1 开关

开关是指可以使电路开路、使电流中断或使其流到其他电路的电子元件。随着技术的迭代与进步，现已有多种不同类型的开关，其中包括普通开关、触摸开关、延时开关和感应开关等。

普通开关

触摸开关

延时开关

感应开关

市场价格	普通开关市场价格通常为 6~50 元 / 个 触摸开关市场价格通常为 60~120 元 / 个 延时开关市场价格通常为 10~55 元 / 个 感应开关市场价格通常为 30~100 元 / 个
材料说明	普通开关包括单开单控、单开双控、双开双控、多开多控等多种开关类型 触摸开关是指触摸屏开关，可将灯光、空调、智能窗帘等集合在其中 延时开关是指触摸延时开关，按下按钮后，灯光会延长一段时间后自动关闭 感应开关包括声控感应和光学感应两种，也就是说，既可以通过声音控制开关的闭合，也可以通过途经开关触发红外感应器，开关自动闭合
用途说明	用于住宅客厅、餐厅、卧室、书房、卫生间、厨房等各处需要灯光照明的空间

2 插座

插座是指有一个或一个以上电路接线可插入的排座，通过它可插入各种接线。插座通过线路与铜件之间的连接与断开，来最终达到该部分电路的接通与断开。住宅装修中常用的插座包括五孔插座、十五孔插座以及带开关插座等。

五孔插座

十五孔插座

带开关插座

市场价格	五孔插座市场价格通常为 10~45 元 / 个 十五孔插座市场价格通常为 35~80 元 / 个 带开关插座市场价格通常为 15~60 元 / 个
材料说明	插座多以塑料材质为主，少数高档插座会采用金属材质。带开关插座内部带有闭合装置，通过开合开关，实现电路的断开与接通
用途说明	五孔插座多用在床头柜、角几或零散用电位置 十五孔插座多用在电视、电脑等用电设备集中的位置 带开关插座多用在厨房、卫生间等水汽多或安装大功率设备的位置

十三　五金配件类价格

　　五金配件是用于室内门窗、柜体、卫浴等处的材料，它们属于消耗品，也就是说，日常使用会对五金件造成较大的损耗，致使五金配件经常出现问题，影响门窗、柜体的正常使用。因此，在购买五金配件时，不仅需考虑价格因素，更需注重五金配件的质量。五金配件的种类和型号多种多样，从大的方面可分为门窗五金配件、柜体五金配件和卫浴五金配件三类，从具体配件方面又分为门锁、合页、把手等。

五金配件材料

（一）门窗五金配件市场价格

1 门锁

　　住宅装修中门锁使用的位置分布在入户防盗门、卧室门、玻璃推拉门等处，这就要求门锁具备安全性、简易性以及便于操作。可以将门锁分为四类，即普通门锁、智能门锁、球形门锁以及玻璃门锁。

普通门锁

智能门锁

球形门锁

玻璃门锁

市场价格	普通门锁市场价格通常为 100~300 元 / 个 智能门锁市场价格通常为 300~2000 元 / 个 球形门锁市场价格通常为 15~75 元 / 个 玻璃门锁市场价格通常为 40~130 元 / 个
材料说明	普通门锁的锁芯安全性高，整体为金属材质 智能门锁内部含有电子元件以及指纹识别系统，增加了门锁使用的便捷性以及安全性 球形门锁制作工艺相对简单，造价低，具有较高的性价比 玻璃门锁可固定在透明玻璃上，作为安全门锁使用
用途说明	普通门锁和智能门锁主要用于入户防盗门，而球形门锁和玻璃门锁主要用于室内卧室门与玻璃推拉门

2 把手

把手分为门把手和窗把手。通常门把手多为金属材质，造型精美，可选择样式多；窗把手多为塑料材质，和窗户材质的统一性高，使用方便。

门把手

窗把手

市场价格	门把手市场价格通常为 25~80 元 / 个 窗把手市场价格通常为 10~65 元 / 个
材料说明	门把手以金属材质为主，少数也设计有木材质和塑料材质的门把手，其造型多样，一般工艺越复杂的市场价格越高 窗把手以简单实用为主，鲜有花哨的外形设计，多以塑料材质为主
用途说明	门把手用于室内套装门、推拉门等处。窗把手用于塑钢窗、铝合金窗等处

3 合页

合页是一对金属片，一片固定在门窗框，一片固定在门窗扇。安装好之后，门窗框和门窗扇被固定在相对应的位置上，并且能够灵活转动。

门合页

窗合页

市场价格	门窗合页市场价格通常为 7~15 元 / 副
材料说明	合页常用的材质有铜质、铁质和不锈钢质。三种材质中，以不锈钢质的强度最高，其不会像铜质合页一样发生变色的问题，也不会像铁质合页那样长时间使用之后会生锈
用途说明	合页用于室内套装门、塑钢窗的连接

4 门吸

门吸俗称门碰，是一种门扇打开后吸住定位的装置，可以防止风吹或碰触而使门扇关闭。门吸分为永磁门吸和电磁门吸两种，永磁门吸一般用在普通门中，只能手动控制；电磁门吸用在防火门等电控门窗设备中，兼有手动控制和自动控制功能。

永磁门吸

电磁门吸

市场价格	永磁门吸市场价格通常为 25~50 元 / 个 电磁门吸市场价格通常为 60~140 元 / 个
材料说明	永磁门吸分地装式和墙装式两种，两者相比较，墙装式更节省空间，当然前提条件是门扇开启后贴近墙面，才可安装墙装式永磁门吸 电磁门吸具有火灾时自动关闭功能，实现"断电关门"
用途说明	用于固定套装门门扇的装置

5 滑撑

滑撑多为不锈钢材质，是一种用于连接窗扇和窗框，使窗户能够开启和关闭的连杆式活动链接装置。

窗户滑撑

市场价格	滑撑市场价格通常为 10~35 元 / 个
材料说明	滑撑一般包括滑轨、滑块、托臂、长悬臂、短悬臂、斜悬臂，其中滑块装于滑轨上，长悬臂铰接于滑轨与托臂之间，短悬臂铰接于滑块与托臂之间，斜悬臂铰接于滑块与长悬臂之间
用途说明	用于固定塑钢窗窗扇的装置

（二）柜体五金配件市场价格

1 三合一连接件

三合一连接件主要用于板式家具的连接，例如板式家具板与板之间的垂直连接。三合一连接件也可以实现两板的水平连接。

三合一连接件

市场价格	三合一连接件每套（20 件）市场价格通常为 8~14 元
材料说明	三合一连接件由三部分组成：三合一相当于传统木工里的钉子和槽隼结构，分别是偏心头（又名偏心螺母、偏心轮、偏心件等）、连接杆（螺栓）、预埋螺母（涨栓、塑料的俗称塑胶粒）三部分
用途说明	是用于以中密度板、高密度板、刨花板为材质的板式家具的连接件

2 铰链

铰链是一种"高级合页"。相比较普通合页，铰链可以更好地控制柜体的开合。它具有一定的缓冲作用，可减少柜门关闭时与柜体碰撞产生的噪声。

铰链

市场价格	铰链市场价格通常为2.5~7元/个
材料说明	柜体常用的铰链分为大弯、中弯、直弯三种，当柜门与侧板齐平时选择大弯，当柜门只盖住一半侧板时选择中弯，当柜门全盖住侧板时选择直弯
用途说明	用于柜门和柜体的转动连接处

3 抽屉滑轨

滑轨又称导轨、滑道，是指固定在家具的柜体上、供家具的抽屉或柜板出入活动的五金连接部件。滑轨适用于橱柜、家具、公文柜、浴室柜等木制与钢制抽屉等家具的抽屉连接。

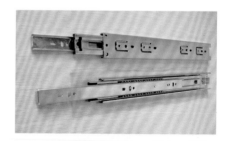

抽屉滑轨

市场价格	滑轨市场价格通常为14~80元/组
材料说明	滑轨常见的有滚轮式、钢珠式、齿轮式三种，其中以齿轮式的较为高档，价格也高；滚轮式与钢珠式相比较，钢珠式的承重效果更好一些
用途说明	用于抽屉和柜体的连接处

4 拉篮

拉篮具有防水、防潮等特点，因此常用在橱柜中，作为放置锅碗瓢盆的空间。橱柜里面常用到的功能拉篮有调料拉篮、碗碟篮、锅篮、转角拉篮、怪物拉篮、高深拉篮等。

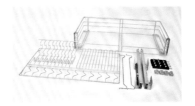

橱柜拉篮

市场价格	拉篮市场价格通常为180~340元/套
材料说明	拉篮按材质分为铁镀铬拉篮、不锈钢拉篮、铝合金拉篮等，其中性价比较高的为不锈钢拉篮
用途说明	用于橱柜内放置锅碗瓢盆的空间

（三）卫浴五金配件市场价格

1 淋浴花洒

淋浴花洒是用在卫生间淋浴房内的淋浴装置，包括顶喷、手持花洒和下水三部分。其中顶喷的下水量很足，淋浴的效果很好；手持花洒可以握在手中随意冲淋；下水主要用于集中接水，例如往桶内注满水等。

淋浴花洒

市场价格	淋浴花洒市场价格通常为218~480元/套
材料说明	淋浴花洒以不锈钢材质为主，少数定位高端的淋浴花洒采用全铜材质。铜材质相比较不锈钢材质的淋浴花洒，其电镀层更厚，结实耐用，且造型多样
用途说明	用在卫生间内的洗澡淋浴

2 水龙头

水龙头是水阀的通俗称谓，是用来控制水流大小的开
关，有节水的功效。安装在卫浴空间的水龙头，通常接有
冷热水，利用开关控制水流的温度。

水龙头

市场价格	水龙头市场价格通常为 45~150 元 / 个
材料说明	水龙头按结构分类，可分为单联式、双联式和三联式等几种：单联式可接冷水管或热水管；双联式可同时接冷热两根管道，多用于浴室面盆以及有热水供应的厨房洗菜盆；三联式除了接冷热水两根管道外，还可以接淋浴喷头，主要用于浴缸的水龙头
用途说明	用于卫生间的洗面盆、浴缸、洗衣池等处

3 置物架

卫浴空间的置物架种类很多，其中包括浴巾架、毛巾架、纸巾架、杯架等，主
要用来放置一些日常卫浴用品。置物架通常采用金属材质，因为其具有防水、防潮
等功能。

浴巾架

纸巾架

杯架

市场价格	浴巾架市场价格通常为 25~70 元 / 个 纸巾架市场价格通常为 15~45 元 / 个 杯架市场价格通常为 15~30 元 / 个
材料说明	卫浴置物架以不锈钢材质为主，因此即使长期经水浸泡也不会生锈，且不锈钢材质的售价较低，更为实用
用途说明	用于卫生间的洗手台、坐便器等卫浴洁具附近

第五章
装修施工项目预算计价

　　住宅装修施工项目总的来说可分为七类工种，主要是力工、水工、电工、泥瓦工、木工、油漆工以及安装工，每一类工种的人工费计算方式都是相对独立的。了解不同工种的价格范围，可以在实际装修过程中防止被施工队或装修公司蒙骗，也能对自己装修资金的规划起到帮助作用。

一 搬运工施工工价预算

搬运工也就是力工，通过体力劳动换取相应的报酬。住宅搬运工主要负责将材料从卸车地点运送到住宅所在楼层。由于住宅装修涉及的材料种类非常多，因此搬运费也就由具体材料来定价。

搬运工负责将指定材料运送到住宅所在楼层。搬运费由具体材料来定价

搬运工施工内容及工价

（一）泥瓦类材料搬运工价

泥瓦类材料包含水泥、河沙等材料，以及瓷砖、石材等主材，具体搬运工价如下表所示。

编号	搬运项目	工价说明	图解说明
1	水泥	一袋水泥搬运到一层楼的工价为 1~1.3 元（水泥为 50kg/ 袋）	袋装水泥

编号	搬运项目	工价说明	图解说明
2	河沙	一方河沙搬运到一层楼的工价为 15~20 元（一方河沙为 1.35~1.45t，可装 50 袋）	 优质河沙
3	红砖、轻体砖	一块红砖搬运到一层楼的工价为 0.1~0.2 元（红砖尺寸一般为 240mm×115mm×53mm）	 红砖
4	瓷砖、大理石	一件小件瓷砖搬运到一层楼的工价为 0.8~1.5 元；一件大件瓷砖搬运到一层楼的工价为 2~3 元（小件瓷砖多指 600mm×600mm 及以下瓷砖，大件瓷砖多指 800mm×800mm 及以上瓷砖）	 瓷砖

注：此表格中所有价格均为一时一地之价格，可供参考使用，但不是唯一标准。

泥瓦类材料搬运工价具体详解如下。

① 在住宅有电梯且可用于运输材料的情况下，材料搬运不涉及楼层费。搬运工一般只收取少量的短程运输费。

② 若住宅为跃层户型，材料从楼下运到楼上还需加一层的搬运费，其费用计算方式与楼房方式一样，并不因楼上楼下为同一住宅而减免。

③ 一袋水泥重量通常为 50kg，属于较重的装修材料，因此搬运费相对较高，达到 1 元多一层楼。部分城市也有低于 1 元的搬运费，但一般楼层高度限制在 8 楼以下。

④ 河沙属于松散的材料，需要装袋运输，像水泥一样一层楼一层楼地向上搬运。考虑到购买河沙时是按照吨数计算的，因此搬运费延续了吨数计价的模式。

⑤ 红砖和轻体砖因块状较小，搬运麻烦，在工价上按照块数收费。一块红砖搬运到一层楼的费用约为 0.1 元。

⑥ 瓷砖或石材一类材料属于易碎品，在搬运过程中应格外小心磕碰的问题。一般来说，瓷砖越大，受限于楼道的宽度，搬运越困难，因此通常尺寸越大的瓷砖，搬运费用越高。

（二）水电类材料搬运工价

水电类材料包含电线、水管、管材配件、防水涂料等材料，具体搬运工价如下表所示。

编号	搬运项目	工价说明	图解说明
1	电线、穿线管等电路材料	按项计费。从指定地点运送到住宅所在楼层，工价通常为 260~320 元	 电线
2	给水管、排水管等水路材料	按项计费。从指定地点运送到住宅所在楼层，工价通常为 280~360 元	 冷热给水管

注：此表格中所有价格均为一时一地之价格，可供参考使用，但不是唯一标准。

水电类材料搬运工价具体详解如下。

① 水电材料一般不收取二次搬运费，也就是说，厂家会免费派人运送材料到住宅所在楼层。但一些不包材料运输的厂家，一般会按照项目收取费用，即将水路材料分为一项，电路材料分为一项，然后确定一个搬运价，业主可以选择同意，也可以选择自己找搬运工运送水电材料。

② 水电材料中的电线、水管、管材配件等数量多、体积小，不便于按照数量计费，因此为了便于核算计价，按照项目收费。以三室两厅的水电材料为例，水电材料的上楼费总额通常在 460~630 元之间。

（三）木作类材料搬运工价

木作类材料包含石膏板、木龙骨等材料，以及木地板、木门等主材，具体搬运工价如下表所示。

编号	搬运项目	工价说明	图解说明
1	细木工板、石膏板、饰面板等板材	一张板材运送到一层楼的工价为 0.4~0.6 元	 免漆板
2	木龙骨、轻钢龙骨等材料	一卷龙骨运送到一层楼的工价为 0.3~0.5 元（一卷龙骨通常为 6~10 根。20 根一卷的龙骨搬运价另计）	 木龙骨

编号	搬运项目	工价说明	图解说明
3	木地板	一包木地板运送到一层楼的工价为 1~1.3 元（一包木地板约 2.106m² ）	 木地板
4	套装门	一扇套装门运送到一层楼的工价为 2~ 3.3 元（一扇套装门包括门扇、门套等组件）	 套装门

注：此表格中所有价格均为一时一地之价格，可供参考使用，但不是唯一标准。

木作类材料搬运工价具体详解如下。

① 木作板材包括细木工板、石膏板、生态板、免漆板、饰面板、刨花板、密度板、指接板、胶合板等板材，这些板材的尺寸均为 1220mm×2440mm，只在厚度上略有差别，因此搬运上楼工价一致。

② 一卷木龙骨有 5 根、6 根、8 根、10 根、20 根的差别。在一般情况下，10 根以下的一卷木龙骨搬运上楼工价一致，20 根一卷的木龙骨搬运费翻倍。

③ 成品木地板均是一包一包的，因此搬运费按照包数收费，不同尺寸的木地板每包的片数略有区别，但面积均为 2.106m² 左右。

④ 套装门搬运费还有一种计费方式，即按包计费，每包 2 元左右。一包套装门材料约有 1m²，一扇套装门面积约为 1.7~2m²。也就是说，一扇套装门的搬运费在 4 元以上。

（四）油漆类材料搬运工价

油漆类材料包含石膏粉、腻子粉、乳胶漆、壁纸等材料，具体搬运工价如下表所示。

编号	搬运项目	工价说明	图解说明
1	石膏粉、腻子粉、乳胶漆等墙面漆材料	按项计费。从指定地点运送到住宅所在楼层，工价为260~350元	乳胶漆
2	壁纸	按项计费。从指定地点运送到住宅所在楼层，工价为80~120元	壁纸
3	硅藻泥	按项计费。从指定地点运送到住宅所在楼层，工价为60~90元	硅藻泥

注：此表格中所有价格均为一时一地之价格，可供参考使用，但不是唯一标准。

油漆类材料搬运工价具体详解如下。

① 油漆类材料涉及的乳胶漆、壁纸、硅藻泥等，数量较少，重量较轻，因此不按数量计费，而是按照项目计费。以乳胶漆为例，一套三室两厅的住宅，底漆约为一大桶一小桶，面漆约为两大桶，总计不超过四桶，按项目计费显然方便快捷。

② 乳胶漆、壁纸、硅藻泥等材料一般厂家不收取二次搬运费，也就是说，这类材料通常免费送货上门。在和厂家沟通的过程中，能节省搬运费则节省，毕竟搬运费的工价并不便宜。

（五）家具搬运工价

家具包含沙发、茶几、餐桌椅、床、书桌、柜体等主材，具体搬运工价如下表所示。

编号	搬运项目	工价说明	图解说明
1	沙发、餐桌椅、床、柜体等大件家具	按件计费。一件家具运送到一层楼的工价为20~50元	成品沙发
2	沙发、餐桌椅、床、柜体等大件家具	按天计费。一位搬运工一天的工时费为200~270元	餐桌椅

注：此表格中所有价格均为一时一地之价格，可供参考使用，但不是唯一标准。

家具搬运工价具体详解如下。

① 厂家售卖的家具，无论是沙发、茶几，还是餐桌椅、床等，一般不包含搬运费，搬运费需要业主自己支付。但是，在和厂家协商过程中，也可将搬运费算给厂家，从而节省业主的搬运费支出。

② 家具有两种搬运计费方式，一种是按件计费，一种是按天计费。若住宅楼层低，家具件数少，则按件计费对业主而言更划算；若家具件数多，楼层高，则按天计费对业主而言更划算。

（六）垃圾清运工价

垃圾清运包含墙体拆改施工垃圾、铺砖施工垃圾、木作施工垃圾、油漆施工垃圾等。具体垃圾清运工价如下表所示。

编号	搬运项目	工价说明	图解说明
1	住宅内所有施工垃圾清运	按建筑面积计费。垃圾清运工价为4~6元/m²	住宅施工垃圾
2	住宅内所有施工垃圾清运	按工程直接费用计费。垃圾清运费占工程直接费用的1.5%~1.8%	住宅施工现场

注：此表格中所有价格均为一时一地之价格，可供参考使用，但不是唯一标准。

垃圾清运工价具体详解如下。

① 垃圾清运贯穿于整个住宅装修期间，从前期的墙体拆改、水电施工，到中期的泥瓦铺砖、木作吊顶，再到后期的涂刷墙漆、家具进场，每个工种结束施工后，都要安排人员进场清理垃圾。

② 垃圾清运一般按照建筑面积计费，而不是套内面积。

③ 工程直接费用的计费方式通常发生在装修公司，装修公司负责住宅垃圾清运，并收取直接费用的1.5%~1.8%。

④ 在一般情况下，垃圾清运只负责将住宅所在楼层的垃圾清运到小区物业指定的垃圾站。若超出这个范围，则需另计费用。

拆除施工工价预算

（一）拆除施工内容

```
                          ┌─ 墙体拆除
                          │
                          ├─ 门窗拆除
                          │
                          ├─ 墙、顶面漆铲除
        拆除施工 ──────────┤
                          ├─ 墙、地砖拆除
                          │
                          ├─ 木地板拆除
                          │
                          └─ 洁具拆除
```

（二）拆除施工工价

　　拆除施工包括墙体、门窗、墙地砖、木地板和洁具的拆除，以及墙、顶面漆铲除等。具体施工工价如下表所示。

编号	施工项目	工价说明	图解说明
1	拆除砖墙（12cm、24cm）	35~40 元 / m²	拆除砖墙
2	拆除门、窗	每扇门或窗的拆除工价为 14~20 元	拆除户外窗
3	铲除原墙、顶面批灰	3.5~4 元 / m²	铲除原墙面批灰
4	滚刷环保型胶水	1.6~2 元 /m²	滚刷环保型胶水
5	打洞（直径 4cm、6cm、10cm、16cm）	每个洞的施工工价为 25~ 50 元	打洞
6	开门洞	每个门洞的施工工价为 150~180 元	开门洞

续表

编号	施工项目	工价说明	图解说明
7	铲除地面砖	16~18 元 / m²	 铲除地面砖
8	铲除墙面砖	10~18 元 / m²	 铲除墙面砖
9	拆除洁具	按全房洁具收费，一项施工工价为 250 元	 拆除洁具
10	拆木地板	15~25 元 / m²	 拆木地板

（三）拆除工程预算表

　　住宅装修施工的第一项工程是拆除工程。业主根据设计好的装修施工图纸对室内的墙体进行拆改。结构拆除完成后，才能进行砌筑、水电、木作、油漆等后续工程。拆除工程的预算支出与其他施工项目相比占比不高，具体如下面的预算表所示。

编号	施工项目名称	主材及材料	单位	工程量	单价/元				预算总价/元	备注说明
					主材	辅材	人工	合计		
1	拆除砖墙（12cm、24cm）	砖墙、人工、工具（需提供房屋安全鉴定书）	m²	–	0	0	40~45	40~45	–	房屋鉴定中心鉴定后按实际计算
2	拆除门窗	含钢门、钢窗及玻璃门等，工具、人工	扇	–	0	0	14~20	14~20	–	–
3	铲除原墙、顶面批灰（根据实际情况）	工具、人工（铲墙后必须刷环保型胶水）	m²	–	0	0	3.5~4	3.5~4	–	刷环保型胶水费用另计
4	滚刷环保型胶水	墙面满涂刷环保型胶水，工具、人工	m²	–	3.5~3.8	0	1.6~2	5.1~5.8	–	××品牌产品
5	打洞（直径4cm、6cm、10cm、16cm）	机器、工具、人工	个	–	0	0	25~50	25~50	–	水管孔、空调孔、吸油烟机孔等
6	开门洞	洞口尺寸850×2100mm以内，工具、人工	个	–	0	0	150~180	150~180	–	超出部分按面积同比例递增
7	铲除地面砖	含购袋、铲除，铲至水泥面。不含铲除水泥面	m²	–	0	0	16~18	16~18	–	–
8	铲除墙面砖	含购袋、铲除，铲至水泥面。不含铲除水泥面	m²	–	0	0	10~18	10~18	–	–
9	拆洁具	全房洁具	项	–	0	0	250	250	–	–

注：预算总价＝工程量×单价合计。

水路施工工价预算

水暖工分为水工和暖工，水工主要负责住宅给水管、排水管的铺设，而暖工则负责地暖的施工。因为这两个施工项目对施工人员的技术要求不同，所以施工人员的工价需要分开计费。

水工和暖工施工

（一）水工施工工价

水工在装修过程中所从事的施工项目基本是固定的，而且全部是局部的项目改造，主要围绕厨房、卫生间以及阳台等空间展开。若按照面积来计算水工工价并不能准确地体现出水工的施工价值，因此形成了水工工价特定的计算方式。具体施工工价如下表所示。

编号	施工项目	工价说明	图解说明
1	改造主下水管道 （含拆墙）	200~300 元 / 个	 主下水管道
2	改造坐便器排污管 （不含打孔）	100~150 元 / 个	 坐便器排污管
3	改造 50mm 管 （如地漏、洗面盆）	50~85 元 / 个	 洗面盆下水管
4	改造 75mm 管	90~120 元 / 个	 卫生间改管道

编号	施工项目	工价说明	图解说明
5	做防水 （防水布）	300~650元/项	 防水布防水
6	做防水 （防水涂料）	40~70元/m² （按展开面积计算）	 防水涂料防水

注：此表格中所有价格均为一时一地之价格，可供参考使用，但不是唯一标准。

水工施工工价具体详解如下。

① 假设待施工的住宅内有两个卫生间、一间厨房、一个阳台，则水工施工（含人工和材料）总价计算公式如下：

总费用 = 主下水管道单价 ×4（数量）+ 马桶排污管单价 ×2（数量）+50mm 管单价 ×9（数量）+75mm 管单价 ×3（数量）

② 施工技术人员的工价通常按照项目计算，如改造主下水管道一根 ×× 元（含拆墙）、改造马桶排污管一根 ×× 元（不含打孔）、改造 50mm 管一根 ×× 元、改造 75mm 管一根 ×× 元等，然后将所有项目的数量总计即可得出水路施工工价。

③ 防水涂料相较于防水布是更为先进的防水施工工艺，但价格较后者略高。

（二）暖工施工工价

暖工主要负责将地暖管均匀地铺满整个空间，并做好保温以及各种防护措施。具体施工工价如下表所示。

编号	施工项目	工价说明	图解说明
1	地暖施工（按套内面积计费）	施工工价为 8~14 元 /m²	 铺设保温层
2	地暖施工（按地暖柱数计费）	每柱地暖的施工工价为 120~150 元（每柱地暖管长度为 50~80m）	 铺设地暖管

注：此表格中所有价格均为一时一地之价格，可供参考使用，但不是唯一标准。

暖工施工工价具体详解如下。

① 套内面积计算地暖施工工价并不是行业的通行标准，许多施工方会按照建筑面积收费。随着近几年住宅装修行业的高速发展，越来越多的地暖公司开始采用套内面积计费，这种计费方式才流行起来。实际上，套内面积计费对业主而言更公平一些，因为地暖管铺设的位置只涉及套内面积，与建筑面积无关。

② 按照柱数计费是一种相对传统的计费方式。地暖柱数与住宅面积成正比，一般住宅面积越大，需要的地暖柱数越多。

四 电路施工工价预算

电工的施工内容主要围绕住宅新旧电路的改造展开，涉及的施工项目有墙地面开槽，强电箱施工，连接、铺设穿线管，铺设电线等。由于电路为隐蔽工程且有一定的危险性，因此对施工技术人员的施工能力要求较高，施工工价也相对较高。

住宅电路施工

电工施工工价

电路施工涉及住宅的各处空间，指从强电箱接引各类规格的电线到客厅、卧室、卫生间等空间。具体施工工价如下表所示。

编号	施工项目	工价说明	图解说明
1	电路施工	按建筑面积计费。一线城市的电工工价为 38~45 元 /m²	 标准电路施工（一）

续表

编号	施工项目	工价说明	图解说明
2	电路施工	按建筑面积计费。二线城市的电工工价为 28~35 元 /m²	 标准电路施工（二）
3	电路施工	按建筑面积计费。三四线城市的电工工价为 10~15 元 /m²	 标准电路施工（三）
4	电路施工	按建筑面积计费。五线城市的电工工价为 8~13 元 /m²	 标准电路施工（四）

注：此表格中所有价格均为一时一地之价格，可供参考使用，但不是唯一标准。

电工施工工价具体详解如下。

① 因地域、时期的不同，电工工价没有统一的标准。地域上的区别主要体现在城市规模和所在省份，如一线城市和三线城市的工价差别很大，而南方省份和北方省份因技术工艺的不同，工价不具可比性。

② 时期的不同对电工工价涨幅的影响较大。以 2019 年为例，单年的涨幅比例超过了 15%，每平方米的工价上涨了 2~3 元。

五 泥瓦施工工价预算

泥瓦工主要负责住宅内新建墙体的砌筑，墙体抹灰、粉槽，以及铺贴地面砖、墙面砖等。泥瓦工一般在水电工完工后进场施工，先将待建墙体砌筑起来，在表面抹灰，然后铺贴厨房、卫生间的墙面砖，对地面找平，再铺贴厨卫、客餐厅的地面砖。泥瓦工施工工价的差别主要体现在铺贴墙地砖中，因铺贴样式的不同而产生高低不等的人工费。

地面砖铺贴施工

（一）泥瓦工砌墙施工工价

泥瓦工砌墙施工内容包括砌筑 120mm、240mm 厚度墙体，以及包立水管等，这些施工项目之间的工价差别不大。具体施工工价如下表所示。

编号	施工项目	工价说明	图解说明
1	砌筑墙体（120mm 厚）	新砌墙体的施工工价为 35~40 元 / m²	120mm 厚墙体砌筑

编号	施工项目	工价说明	图解说明
2	砌筑墙体 （240mm 厚）	新砌墙体的施工工价为 45~55 元 /m²	 240mm 厚墙体砌筑
3	新砌墙体粉刷 （即墙体抹灰）	新砌墙体粉刷的施工工价为 11.5~13.5 元 /m²	 墙体抹灰
4	墙体开槽、粉槽	墙体开槽、粉槽的施工工价为 3~6 元 /m	 墙地面开槽
5	落水管封砌及粉刷 （即包立管）	落水管封砌及粉刷的施工工价为 74~85 元 / 根	 包立管

注：此表格中所有价格均为一时一地之价格，可供参考使用，但不是唯一标准。

泥瓦工砌墙施工工价具体详解如下。

① 砌筑 120mm 厚和 240mm 厚墙体的施工工价相差 5~10 元，因为 240mm 厚墙体的砌筑工艺相对较为复杂。

② 砌筑墙体的工程量按照单面墙的长乘以宽计算，而墙体粉刷则按照双面墙的

长乘以宽计算。

③ 墙体开槽、粉槽是指水电工走电线、水管的凹槽。标准宽度为 30mm，每增宽 25mm，需要增加人工费 2~4 元。

④ 落水管砌筑主要分布在卫生间、厨房和阳台三处空间，按根计费，包几根落水管便收几根的费用。

（二）泥瓦工铺砖施工工价

泥瓦工铺砖施工内容包括厨卫的墙地砖、客餐厅的地砖等，施工工价因铺贴工艺不同而有较大差别。具体施工工价如下表所示。

编号	施工项目	工价说明	图解说明
1	门槛石、防水条	门槛石、防水条的施工工价为 20~25 元/m	 淋浴房挡水条
2	石材磨边	石材磨边的施工工价为 14~18 元/m	 石材磨边
3	地面找平	地面找平的施工工价为 12~20 元/m²	 地面找平

编号	施工项目	工价说明	图解说明
4	墙、地面砖直铺	墙、地面砖直铺的施工工价为 26~35 元 /m² （直接铺贴）	 地面砖直铺
5	墙、地面砖斜铺	墙、地面砖斜铺的施工工价为 46~55 元 /m² （斜贴、拼花）	 墙面砖斜铺
6	墙面腰线砖以及花砖	腰线砖以及花砖的施工工价为 2~4 元 / 片	 墙面腰线砖

注：此表格中所有价格均为一时一地之价格，可供参考使用，但不是唯一标准。

泥瓦工铺砖施工工价具体详解如下。

① 墙地面砖直铺和斜铺的人工费每平方米相差 20 元左右，其中斜铺人工费中包含 45°角斜铺，以及简单的瓷砖拼花。若墙地面砖的拼花复杂度较高，需要另外增加人工费。

② 地面找平是指水泥砂浆找平的人工费，另有一种自流平的地面找平人工费不包含在内。

③ 铺设门槛石、防水条时，要求石材的宽度在 300mm 以内，超出的范围需要另计人工费。

④ 石材磨边是指门槛石磨边、窗台板磨边等，按米数计费。

六 木工施工工价预算

　　木工属于住宅装饰装修的核心工种之一，它上承泥瓦工，下接油漆工。对木工来说，其施工质量的好坏直接影响住宅的设计效果，例如一款样式精美、施工精良的石膏板吊顶绝对是设计的加分项。正因为木工有着如此重要的地位，其施工工价的整体占比较高。当然，工价高的原因一方面是对施工工艺要求高，另一方面则是因为工程量较大。总的来说，木工施工项目包括石膏板吊顶、墙面木作造型、衣帽柜、鞋柜、木作隔墙等，而这些施工项目则基本涵盖了室内的各处空间。

木作石膏板吊顶

（一）木工吊顶施工工价

木工吊顶包括平面顶、叠级顶、弧形顶等，施工工价因施工难易度的不同而有所差别。具体施工工价如下表所示。

编号	施工项目	工价说明	图解说明
1	石膏板平面顶	石膏板平面顶的施工工价为26~30元/m²	石膏板平面顶
2	石膏板叠级顶（即凹凸顶）	石膏板叠级顶的施工工价为32~45元/m²	石膏板叠级顶
3	石膏板弧形顶（即拱形顶）	石膏板弧形顶的施工工价为48~60元/m²	石膏板弧形顶

续表

编号	施工项目	工价说明	图解说明
4	窗帘盒安制	窗帘盒安制的施工工价为 16~20 元/m	 木作窗帘盒
5	暗光灯槽	暗光灯槽的施工工价为 15~18 元/m	 暗光灯槽

注：此表格中所有价格均为一时一地之价格，可供参考使用，但不是唯一标准。

木工吊顶施工工价具体详解如下。

① 木工吊顶施工中，弧形吊顶施工工艺最为复杂，其次是叠级顶，最后是平面顶。因此，这三种类型的吊顶中，弧形顶的人工费最高，平面顶的人工费最低。

② 石膏板吊顶中，所有带有凹凸变化的吊顶都属于叠级顶，例如常见的暗光灯带吊顶，就属于一种典型的叠级顶。

③ 窗帘盒安制和暗光灯槽均按米数计费。在一般情况下，暗光灯槽的工程量是窗帘盒安制的两倍以上。

④ 石膏板吊顶的工程量计算方式均按照展开面积计算。也就是说，凡是石膏板所覆盖到的地方，都要算进工程量中。

（二）木工隔墙施工工价

木工隔墙包括木龙骨隔墙、轻钢龙骨隔墙以及木作造型墙等，其中木作造型墙的施工工价最高。具体施工工价如下表所示。

编号	施工项目	工价说明	图解说明
1	木龙骨隔墙	木龙骨隔墙的施工工价为40~55元/m²	 木龙骨隔墙
2	轻钢龙骨隔墙	轻钢龙骨隔墙的施工工价为36~48元/m²	 轻钢龙骨隔墙
3	木作造型墙（如电视背景墙、床头背景墙等）	木作造型墙的施工工价为85~120元/m²	 木作电视背景墙
4	封门头	封门头的施工工价为24~30元/个	 封门头

注：此表格中所有价格均为一时一地之价格，可供参考使用，但不是唯一标准。

木工隔墙施工工价具体详解如下。

① 一些毛坯房中的门口高度不是标准的 2m 高，而是 2.2m 高，这时便需要木工制作门头，统一住宅所有门口的高度。封门头按个数计费，封几个门头，便收几个门头的费用。

② 木作造型墙的人工费没有统一的标准，在一般情况下均由经验丰富的木工按项估算，从几百元到上千元不等。但对于使用石膏板制作的造型，在不增加其他材料的情况下，人工费则可按照平方米计费，费用大约是石膏板吊顶人工费的两倍。

③ 轻钢龙骨隔墙与木龙骨隔墙相比较，前者施工难度较大、质量较好。

④ 木龙骨隔墙的人工制作成本高、施工复杂，因此人工费相较轻钢龙骨隔墙略高。

（三）木工柜体施工工价

木工柜体包括衣帽柜、鞋柜、酒柜、餐边柜等，因制作难易程度不同而有工价高低的差别。具体施工工价如下表所示。

编号	施工项目	工价说明	图解说明
1	衣帽柜	衣帽柜的施工工价为 100~110 元 /m²（不含柜门）	 衣帽柜
2	酒柜	酒柜的施工工价为 125~150 元 /m²	 酒柜

编号	施工项目	工价说明	图解说明
3	鞋柜	鞋柜的施工工价为 85~100 元 /m²	 鞋柜
4	书柜	书柜的施工工价为 110~120 元 /m²	 书柜

注：此表格中所有价格均为一时一地之价格，可供参考使用，但不是唯一标准。

木工柜体施工工价具体详解如下。

① 木工现场制作衣帽柜一般不包含柜门，若要求木工制作柜门，则每平方米需要增加费用 20~50 元，具体价格视柜门的复杂程度而定。

② 酒柜制作的工艺难度体现在藏酒格的制作上，施工耗时长、制作难度高，因此人工费较高。

③ 现场制作的鞋柜一般包含简单的平板柜门，若想要增加柜门的造型，则要在人工单价中另外支付柜门的费用。

④ 现场制作的书柜不含柜门的价格，书柜样式可由业主自行制定，工人按照图纸施工。

⑤ 现场木作柜体的工程量均按展开面积计算，而不是投影面积。

七 油漆工施工工价预算

油漆工是住宅装修施工阶段最后进场的工种，主要负责墙顶面乳胶漆的涂刷，以及现场木作柜体油漆的喷涂等，部分油漆工也负责壁纸的粘贴。油漆工程可以被定义为"面子工程"，这是因为油漆工负责将木工制作完成的吊顶、墙面造型、柜体等进行表面粉饰，以增加使用舒适度和设计美感。油漆工的施工工价以涂刷墙面漆为中心，其中包括涂刷墙固、石膏粉找平、腻子粉打磨以及涂刷乳胶漆等。

乳胶漆滚涂作业

油漆工施工工价

油漆工施工包括墙顶面乳胶漆、家具清水漆的涂刷，以及壁纸的粘贴。具体施工工价如下表所示。

编号	施工项目	工价说明	图解说明
1	墙顶面乳胶漆	墙顶面乳胶漆的施工工价为 17~22 元 /m²	 腻子粉打磨
2	家具清水漆	家具清水漆的施工工价为 20~28 元 /m²	 涂刷清水漆
3	壁纸粘贴	壁纸粘贴的施工工价为 5~10 元 /m²	 壁纸粘贴

注：此表格中所有价格均为一时一地之价格，可供参考使用，但不是唯一标准。

油漆工施工工价具体详解如下。

① 乳胶漆涂刷的人工费不会因为顶面涂刷难度高、墙面涂刷难度低而单独收费，它们的收费标准是一致的。

② 墙顶面乳胶漆的人工费包含了涂刷墙固、石膏粉、腻子粉以及乳胶漆等各个环节，也就是说，17~22 元 /m² 的人工费标准是"三底两面"，即包含三遍底粉、两遍面漆的涂刷施工。

③ 家具清水漆主要用于现场木作家具内部的油漆涂刷。若住宅装修过程中，家具全部采用定制，而非现场木工制作，则不需要涂刷家具清水漆。

④ 壁纸粘贴人工费按照平方米数收费，而非卷数（一卷壁纸面积约为 5.3m²）。

八 安装施工工价预算

安装工在住宅装修收尾阶段进场。一般在油漆工施工完成、室内做好清洁后进场，其施工内容主要是安装套装门、木地板，组装定制柜体以及橱柜等。需要注意的是，安装工并不是特定的一组施工人员，而是由不同类型的安装工人组成，有些人擅长组装柜体，有些人擅长铺装木地板，而有些人则擅长安装卫浴洁具等。因此，安装工的施工工价因具体安装项目的不同而有所不同。

木地板铺装

安装施工工价

安装项目包括组装柜体、套装门、木地板、卫浴洁具等。具体施工工价如下表所示。

编号	施工项目	工价说明	图解说明
1	定制柜体安装	定制柜体的施工工价为 60~80 元 /m^2（按投影面积计算）	定制衣帽柜安装
2	整体橱柜安装	整体橱柜的施工工价为 60~90 元 / 延米（不含石材台面、洗菜槽）	整体橱柜安装
3	木地板铺装	木地板铺装的施工工价为 15~45 元 /m^2	木地板铺装
4	地板配套踢脚线安装	踢脚线安装的施工工价为 5~7 元 /m	踢脚线安装

续表

编号	施工项目	工价说明	图解说明
5	套装门安装	套装门安装的施工工价为 60~120 元 / 扇（含门等配件）	 套装门安装
6	洁具安装	各类洁具的安装工价为：坐便器 40~60 元 / 个；花洒 30~50 元 / 个；洗面盆带水龙头 80~100 元 / 个；五金挂件 20~30 元 / 个	 坐便器安装

注：此表格中所有价格均为一时一地之价格，可供参考使用，但不是唯一标准。

安装施工工价具体详解如下。

① 定制柜体、整体橱柜、套装门以及木地板等安装项目，一般厂家包含安装费。当然，购买这类主材时，需与厂家协商是否包含安装费，若不主动提出，部分厂家是默认不包含的。

② 定制柜体有两种计费方式，一种是按投影面积计费，即用柜体的长乘以宽再乘以单价得出总安装费；一种是按件计费，当柜体高度低于 1m、投影面积过小时采用这种计费方式。

③ 木地板铺装有直铺、龙骨铺装以及悬浮铺装等工艺。其中直铺是最简单的铺装方式，人工费也相对低一些；龙骨铺装和悬浮铺装的工艺难度高，人工费也较高。

④ 成品套装木门的安装费一般在 60~100 元之间；高分子木门需要打垫层、贴面板等，安装工序复杂，安装费一般在 80~120 元之间；钢木门或免漆门安装工艺最为简单，安装费一般在 40~60 元之间。

⑤ 洁具安装按个数计费，也就是说，坐便器、洗面盆、淋浴花洒等项目均单独收费。

家装验收项目参考清单

(齐家·河狸质检)

　　装修房子是一个系统的工程，很多业主们都比较重视装修的过程，而往往容易忽略了整体验收。对装修质量进行检验是完成装修工程前非常重要的一个环节，如果业主不具备相关知识或者没有时间，建议聘请专业团队进行验收，并对验收结果及时处理，以免影响后续使用效果甚至安全隐患。以下验收项目可供参考。

一、水电验收项目

1. 给排水管道

□ 新装给水管需进行打压试验，压力 ≥ 0.6MPa；塑料管在试验压力下稳压 1h，压降 ≤ 0.05MPa（水管厂家安装的，由厂家自行组织验收）；

□ 冷热水管安装应左热右冷，平行安装间距符合要求；

□ 混水阀冷热出水口中心间距 150mm ± 5mm，管中心平齐；

□ 顶面同时铺设水管与电管时，应电上水下，水管安装不得靠近电源；

□ 管道敷设应设置固定管卡，间距符合要求；

□ 水管、电线管、燃气管的安装间距应符合要求；

□ 排水管应采用硬质管材，接口密封，连接牢固，灌水试验无渗漏；

□ 龙头、阀门、水表安装应平整，开启灵活，运转正常；

2. 电路管线

□ 相线、零线、地线应进行分色；地线应使用双色线；

□ 照明、插座、厨房、卫生间及空调等大功率用电器应设置单独回路；

□ 电线使用规格：照明不小于 $1.5mm^2$，普通插座不小于 $2.5mm^2$，大功率用电器不小于 $4mm^2$；

□ 导线的接头应搭接牢固，并用绝缘带（压线帽）包缠均匀紧密；

□ 线管与电箱、线管与线盒必须使用连接件连接，相邻线盒间穿线的，要用管件连接；

□ 不得将电气配管固定在吊平顶的吊杆或龙骨上；

□ 吊顶内导线到电器的线路必须使用绝缘软管包裹，线管需用管卡固定；

□ 各种强、弱电的导线均不得在吊平顶内出现裸露；

□ 强弱电线管平行安装时管间距应符合要求，交叉时应进行屏蔽处理；

☐ 线管内导线总截面积不超过管径 40%，管内无接头、扭结；

☐ 不同回路、不同电压等级的电线，不穿在同一线管内；

☐ 湿区地面应尽量避免电路铺设，如无法避免，电管内不应有中间接头；

☐ 配电箱不应安装在卫生间隔墙或可燃性材料上；

☐ 配电箱应设置总断路器；各配电回路应有过载、短路保护；

3. 燃气管

☐ 严禁擅自拆改燃气设施设备；

☐ 燃气管必须做明管，不得暗敷（入墙式燃气管除外）；

☐ 燃气管道不得穿越卧室，穿越吊平顶内的燃气管道直管中间不得有接头。

二、泥木验收项目

1. 基层找平

☐ 找平层与下一层结合应牢固，无空鼓；

☐ 找平后完成面应密实，无起砂、开裂等缺陷；

☐ 地面找平完成面的平整度符合要求；

2. 墙砖铺设

☐ 表面平整度及阴阳角方正度符合要求；

☐ 接缝均匀，宽度一致；

☐ 单块砖边角空鼓面积 ≤ 15%，每自然间空鼓不应超过总数的 5%；

☐ 砖面无裂纹、掉角、缺棱等现象；

☐ 采用对花铺贴方式的，拼接应正确；

3. 地砖铺设

☐ 表面平整度符合要求；

☐ 接缝均匀，宽度一致；

☐ 地砖铺贴不允许有空鼓；

☐ 有排水要求的地面，表面坡度符合设计要求，不倒泛水、无积水；

☐ 砖面无裂纹、掉角、缺棱等缺陷；

☐ 采用对花铺贴方式的，拼接应正确；

4. 纸面石膏板

☐ 宜使用不锈钢自攻螺钉，若为普通自攻螺钉必须刷防锈漆；

□ 自攻螺钉的钉头宜略埋入板面，并不得使纸面破损；

□ 石膏板边自攻螺钉间距 150 ~ 170mm，板中钉距不得大于 200mm；

□ 相邻石膏板拼缝大小应均匀一致，宜为：3 ~ 5mm；

□ 双层石膏板吊顶上下层应错缝安装，避免接缝在同一条龙骨上；

□ 潮湿空间使用纸面石膏板的，应采用防潮石膏板；

5. 现场木作

□ 配件应齐全，安装应牢固、正确；

□ 木制品表面应光滑洁净、色泽均匀，无划痕、磨损、起翘等缺陷；

□ 木作面板表面平整度、垂直度符合要求；

□ 木作阴阳角方正度符合要求；

□ 采用贴面材料时，应粘贴平整牢固、不脱胶。

三、竣工验收项目

1. 涂料涂刷

□ 墙面顺平，无明显起皮、起壳、鼓泡、泛碱、掉粉等缺陷；

□ 墙面阴阳角方正度符合要求；

□ 分色线直线度偏差符合要求；

□ 涂料涂刷均匀，无明显透底、色差，无漏涂；

□ 无明显滚筒印、滚纹通顺；

□ 无明显砂眼，无流坠，无粒子等；

2. 电路工程

□ 配电箱内接线桩与导线连接牢固、无松动；

□ 配电箱内漏电保护器能够正常使用；

□ 配电箱内各分路应标明具体用途；

□ 开关插座表面无破损、划伤；

□ 开关插座安装牢固，紧贴墙面，四周无缝隙；

□ 插座接线原则：面向插座的左侧应接零线，右侧应接相线，中间上方应接保护地线；

□ 湿区应安装防溅插座，开关宜安装在门外开启侧的墙体上；

□ 同一空间内开关插座高度应在同一水平线；

3. 灯具安装

☐ 灯具安装应端正，所有灯珠应齐全；

☐ 灯具固定牢固可靠，不使用木楔，固定点不少于两个；

☐ 当灯具重量大于3kg时，需使用螺栓和预埋吊勾固定；

☐ 筒灯安装应整齐，不应有偏斜、错位现象；

4. 卫生洁具

☐ 表面光洁、无污迹、无划伤，安装端正牢固；

☐ 上水左热右冷、混水阀平正、软管连接无渗漏；

☐ 下水畅通、无倒坡、无堵塞、无渗漏；

☐ 地漏安装应低于排水表面、周边无渗透、无积水、排水顺畅；

☐ 各种卫生设备与地面或墙体的连接应用金属固定件安装牢固；

☐ 各种卫生陶瓷类器具不得采用水泥砂浆窝嵌；

☐ 洁具与台面、墙面、地面等接触部位应采用密封胶密封固定；

5. 五金件

☐ 五金件安装牢固、位置正确；

6. 壁纸（布）

☐ 色泽一致无明显色差；

☐ 与顶角线、踢脚板拼接紧密无缝隙；

☐ 粘贴牢固，不得有漏贴、补贴、脱层；

☐ 表面无气泡、裂缝、褶皱、污渍等缺陷；

☐ 边缘平直整齐，无明显接缝，且不得有纸毛、飞刺；

☐ 阴角处接缝应搭接，阳角处应包角不得有接缝；

☐ 壁纸（布）花色一致、拼接处花纹吻合。

以上83条验收事项为河狸质检服务中的部分项目，河狸质检（全称：齐家·河狸质检）是齐家网平台推出的一款第三方装修质检服务，全部验收项目共计172条，如需详细了解，可扫描下方二维码。